阅 读 阅 美 ， 生 活 更 美

女性生活时尚第一阅读品牌

☐ 宁静   ☐ 丰富   ☐ 独立   ☐ 光彩照人   ☐ 慢养育

绝色好BRA穿用全书

——内衣女王教你穿出迷人美胸

Bosslady

薄蕾丝 著

漓江出版社

自序

　　许多女生在一开始接触我的博客时，都会直接留言问我一个问题："请问Bosslady，你是怎么让胸部变大的啊？"很不好意思，我从以前到现在，完全都没有想要让自己胸部变大的念头，甚至求学时期，对于我的大胸还感到很自卑，内衣也被室友笑称像大海碗，害我洗内衣跟晒内衣都要在半夜进行。对我来说，大胸并没有让我在同学之间走路有风，走入社会后也不懂得正确的内衣穿戴方式，身旁的朋友对此也是一知半解，而内衣专柜小姐的关切更是让我觉得很害羞，或许你也曾跟我一样，一直到年纪渐长后才开始慢慢了解"内在美"的重要，以及发现美好的胸形原来可以让自己的身材更加分的道理！

　　如果你想要知道怎么变成大胸，很抱歉这本书可能没办法给你最好的解答！毕竟我不是医生，也不是营养师，我更不想抄来一堆偏方，然后试都没试就告诉你可能有用。无论胸大或是胸小，美好的胸形及正确的穿内衣态度，才是我迫切想要告诉你的。因为深感自己在胸部成长期无人可问的窘境，所以我真的很想当那个可以帮助你、让你知道许多内衣相关知识，并且在挑选内衣时，跳越专柜小姐给你最公正建议的人。

　　很多网友对于穿内衣都有着各式各样不同的困扰，小到肩带滑落，大到不晓得如何挑选正确的内衣导致胸部变形等问题。很可惜的是，因为时间与地点的关系，没办法完全看到网友胸形，也无法适时提出最好的解决方法，只能靠着大致的描述来推断出可能的原因而给予建议，但我又急迫又鸡婆地想要帮姐妹们提供可能的解决之道，于是才有了出版这本工具书的想法。

　　我是个脚踏实地到很不讨人喜欢的摩羯座，所以我也很"实际"地整理了很多网友的意见与问题，更依照各种胸形提出了解决之道！光是针对胸形挑选适合内衣的章节，我就花了半年多以上的时间，中间还应对了拍出的照片不满意，以及内衣穿上去不够完美又重拍了 N 次等突发状况。而电视上女明星从内衣里一件件缴械出来的秘密武器，我也在书里不顾形象地重组给大家看，所有最真枪实弹的实地操练，都只因为希望让你们可以有最真实的感受，因为这可是一本"玩真的"的工具书。

虽然书里教了很多挤"事业线"的方法，但我也希望女人们要运用得当，而不是一味地追求爆乳的效果。高雄女性愿景协会总监曾经说过："为什么乳沟就是女人的事业？"我觉得她说的一点也没错。为什么女人的事业线不能是嘴角上扬的微笑曲线、腰杆挺直努力向前冲的身体曲线，或是闪耀飘动的发丝？所以别告诉我一个邋遢不注重自己外表的女人，可以靠着乳沟成功纵横全场，爬上事业的顶端！如果有一天，台湾的算命师可以从你挤出的乳沟深度算出你今年的运势的话，我想你才真的只需要一件好穿又爆乳的内衣！（笑）

经营博客已经有两年多的时间，没想到我可以坚持一件事情那么久，除了持续更新博客内容外，现在居然还完成了这本工具书。白天上班、晚上拍照发文的这段日子里，我也越来越陷入内衣的世界，而写了博客后所发生的很多事，也都是我想都没想过的经验。因为内衣，因为博客，我认识了很多优质的好朋友，并享受着生活所带来的变化与发酵。在这里，我由衷地感谢大家，在我快乐时一起分享，而在我每每想要放弃时，也给我最真实的鼓励与支持。另外，也谢谢为这本书贡献良多的网友们，因为你们而让拥有这本书的读者有了最棒的实战经验与收获，没有你们也就不会有这本书！很老套，但也很诚心，这本书献给所有在我身旁一路帮助过我的你们。

Bosslady

目录

Part 1 YES! 穿对内衣，是爱自己的第一步！

contents

Part 2 OOPS! 今天，穿什么内衣才好？

Part 3 MAGIC! 实现迷人美胸的魔法

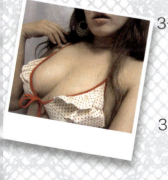

Part 4 LOOK! 网络最In话题报你知！

Part 1

YES! 穿对内衣，是爱自己的第一步！

1-1 我的咪咪成长血泪史

说起我的咪咪成长日记，我的月事在小学五年级就来了，到现在我还清楚地记得，在我小学六年级到初中的那段时间，我的胸部大概每隔几天就会有明显地成长……当时因为怕被身旁的男生嘲笑胸部太大，所以常弯腰含胸，因此也导致我日后驼背的问题，即使后来穿上内衣以后，我也不太敢跟同学或是朋友讨论"内在美"的相关穿着常识。

▌年轻不懂事之买内衣经验谈

说到内衣的款式，老实说，还在求学时期的我，哪懂什么全罩还是半罩式啊？只要有罩就是内衣！穿的内衣颜色也都是很纯洁的白色或粉红色，要是不小心看到妈妈买黑色的内衣，还会觉得妈妈很邪恶呢。莫非这就是大家口中的少女心？不过，也因为那时根本不知道要如何挑选内衣，那个年代的妈妈们也不会有什么正确穿内衣的观念教导给你，所以即使当时我已经发育到 D 罩杯，但看起来好像也没那么大！

★第一次量胸围真害羞

大概从 20 岁开始，我只要去买内衣，就不想再让妈妈跟着了，这时候好姐妹就派上了用场！其实买内衣的良伴也是要挑选的，尽量要找同尺寸的女生一起去，不然恐怕又会造成心里的另一道阴影……

我还记得当时只要踏进内衣专柜，最不好意思的一件事，就是当专柜小姐拿出皮尺要给我量胸围的时候！对我来说，那真是人生最长的几秒钟了！因为真的会令人很害羞啊！而且只要专柜小姐给我什么，我就穿什么，如果专柜小姐想要进来帮我调整内衣——天啊！那是绝对不可能发生的事！只要听到她在外面问说有问题吗？我一定马上立刻哇哇叫地叮咛她千万不要进来！我想应该还是有很多女生跟当时的我一样，只有自己看过自己的胸部！

不过，一直到有一天，我又跟好友一起去逛内衣店时，这才被一个身经百战的专柜小姐用力地抓住我的手，并坚定地跟我说："你一定不只是 D 罩杯！"最后在她专业地验明正身下，这才开始了我的 E 罩杯人生……

★菜市场买内衣行不行？

除了跟好友一起去百货公司买内衣，可能很多女生都有被妈妈带去菜市场买内衣的经验。也有不少网友问我，难道菜市场的内衣真的不能穿吗？是不是一定要买专柜的内衣，胸部才会比较挺、比较不会变形呢？甚至也有人会问，那些在夜市或是路边摊卖的内衣都好可爱，材质看起来也不比专柜或电视购物的差啊？虽然没有大品牌的加持，但究竟那些内衣到底能不能穿啊？

★品质管控无保证

据我个人的研究观察了解，其实这些流动的内衣零售商，他们货物的来源大部分都是从一间或多间的内衣代工厂批发而来，只是这些内衣究竟是大陆还是台湾制造的，那就无法保证了！当然有些代工厂自己有设计师，加上多年的内衣代工经验，也会自行设计研发一些款式，提供给下游的厂商进行贩卖，但毕竟一分钱一分货，很多内衣由于成本的管控，在材料方面的选用可能就会略嫌粗糙。当然他们的内衣不见得不好，只是不像内衣公司有严格的品质管控，或是有营销部门来建立品牌宣传的通道。

★专业训练很重要

我之所以不建议大家去菜市场（或夜市）买内衣的原因，除了现场无法直接试穿外，还因为销售内衣的老板娘或是老板也没有经过专业的培训，甚至买回家后若发现不合适，想要换货或是要求修改可能也会求助无门！所以在货品先天不良以及服务后天失调的情况下，我个人还是建议大家到有专业柜台小姐，并可以提供售后服务的内衣专柜购买比较好。当然，如果你对某些不知名品牌的设计和款式特别情有独钟，或是不穿给身旁的男友看就会分手的状况下，那我也只能默默地祝福你，希望你的胸部不会走样才好。

跟大家分享一些我求学时期的照片……

即使当时已有D罩杯，
但胸前看起来还是很没料吧……（囧）

▌专柜小姐的销售迷思

老实说，我觉得老一辈的妈妈们，她们在选购内衣时的观念，真的不是我们所能够想象的！这样说来，大家应该都有看过一些妈妈在菜市场摊位前，直接把内衣套上去试下围，很多妈妈在买内衣时，好像通常都只在乎下胸围扣不扣得起来！甚至在买了有钢圈的内衣回家后，还会自行DIY，把钢圈抽掉！也许这对她们来说才是最舒服的内衣选择，但她们往往没有发现，这可是造成胸部的肉都游移到各处的隐形杀手啊！

也许有人会说，每次去专柜买内衣时，专柜小姐也不一定专业啊！甚至有时她们为了自己的业绩，就算没有适合尺寸，也会硬拿替代尺寸，或是睁眼说瞎话，即使明明穿起来不集中，她们也会大大地惊叹说："哇，好漂亮、好集中喔！你穿这件真的是超丰满的啦！"而女生们为了胸前的那条事业线，真的是什么鬼话都相信啦！

★自我检视最重要

其实，我也遇过不少次这样的情况，但我们要如何知道专柜小姐有没有在"糊弄"我们呢？我建议大家先把内衣穿好后，再请她进来帮你调整肩带，因为肩带的调整扣基本都设计在内衣后方，所以请专柜小姐来帮忙调整是比较准确的方法。当然，在调整肩带的同时，她也会使出浑身解数跟你说一些专业销售术语，这时候切记不管她说了什么，你都要仔细地好好检视一下，不然就先请她离开试衣间，然后自己在镜子面前好好地观察，究竟肉有没有拨好？肩带会不会太紧？或是转动一下身体，看看内衣是否容易跑位？当你确认好这些步骤后，再决定是否购买也不迟。

另外，如果一次想试穿多款内衣时，我建议你不妨在进试衣间前，先以款式和尺寸为优先考量，最后再慢慢挑选颜色试穿，这样就不会遇到因为试穿了很多件，所以不好意思而买下的窘境了。

虽然是大胸的女生，但看起来却好像只有B罩杯。

只能说年纪小不懂事！

所以请从年轻的时候就做个聪明穿着内在美的女生吧！

1-2 早一点开始！少女美胸养成计划

什么时候，我该开始穿内衣了呢？在你的内心开始有这个想法的时候，建议你不妨先拿把皮尺来量量看吧！如果你的上胸围减掉下胸围的尺寸差在 5 厘米以上，那就表示你该开始穿内衣啰！

▌如何挑选自己的第一件内衣

那么，刚发育的女孩们究竟该如何挑选适合自己的内衣呢？在此我列出以下几个重点提供大家参考。

①首选棉质背心式内衣：

胸部刚开始发育时，建议你可以先选择棉质的背心式内衣来保护你的胸部。

②胸部再发育，改穿全罩式：

如果穿着背心式内衣一段时间后，发现胸部开始有明显摇晃的迹象时，请你开始穿着全罩式无钢圈的内衣，这样才可以让你的咪咪有地方可以长大喔！当然，这时候的内衣材质也是以棉质为佳喔！

③功能型内衣暂缓穿：

切记！千万不要在胸部发育时，就立刻穿上内衣广告很爱强调的集中托高等功能型的内衣！因为这时候任何有约束力的内衣都会阻碍咪咪的发展，所以还不要心急，这些小恶魔的爆乳内衣都还不适合你喔！

④每 2~3 个月量一次胸围：

在青春少女的胸部发育期间，建议你2~3 个月就应该要再测量一下胸围，看看是否该朝下一个罩杯尺寸前进啰！

很多女生为了漂亮，胸部还在发育的时候，就开始穿上现在很流行的日系内衣！但其实很多日系内衣因为追求爆乳效果，通常罩杯的设计都不够包覆，而且罩杯内还有厚到不行的水饺垫，这些都会压迫到你应该正常发育的胸部……如果想要穿全罩式无钢圈的内衣又想要美美的话，我蛮推荐华歌尔的日系品牌 une nana cool，因为该品牌可爱又偏少女款的设计，相信在养成咪咪之余，也可以穿得很可爱喔！

▎七种内衣的选购指南

　　市面上的内衣款式有那么多种，究竟我们该怎么区别呢？以下我整理了七种内衣的选购指南，包括内衣的种类以及罩杯分类，提供给大家参考。

内衣款式		适用对象	内衣特色
全罩式		完整包覆住胸部的罩杯，最适合大胸部的美眉。	全面地提托保护胸部功能，可以防止多余的脂肪乱跑到其他地方！另外，现在市面上也有销售4/5的罩杯款式，媲美全罩内衣的包覆性，外观也比较好看。
3/4 罩杯		所有美眉均适用。	虽然支撑包覆性没有全罩式的好，但只要穿着正确再加上水饺垫的帮忙，集中托高且露出完美比例的乳沟，可以让胸形呈现最佳状态。
1/2 罩杯		由于胸部裸出的部分比较多，小胸美女穿起来会有丰满的效果！	顾名思义，1/2罩杯只有全罩式罩杯的一半，常设计成无肩带内衣或比较性感的内衣款式。
无钢圈		适合刚发育的胸部，或穿着家居服使用。	大多以棉质为主的无钢圈内衣，因为没有钢圈的支撑，穿起来舒服且呈现出自然的胸形。

内衣款式		适用对象	内衣特色
一体成型无痕内衣		一体成型设计，较不适合大胸部的女生穿着。	由一体成型压膜制成，为顾虑压膜及罩杯变形的因素，一体成型通常没有做到 E 罩杯以上。无痕款式可以让你穿较紧的衣服时也不会露出内衣痕迹，但也要注意收纳方式，以免罩杯变形。
无衬式内衣		无衬式设计，较适合胸部有点肉的女生。	罩杯里没有衬垫，直接以蕾丝支撑胸部。虽然胸部丰满的女生穿无衬内衣可展露性感，胸形也较为自然，但无法包覆副乳跟背肉则是一大缺憾。
隐形胸罩		出席婚礼、时尚派对等重要场合的最佳良伴。	两片式前扣设计，可以借由本身的黏性，将胸部神奇地集中固定。在穿着礼服及露肩露背的衣服时非常方便，不会有肩带跟背带露出的困扰。但缺点是容易因为流汗而脱落。

1-3 Check！穿错内衣的 5 大症状

　　胸部的发育从青春期开始，到 23 岁到达巅峰，23 岁后的胸部就会开始逐渐出现下垂、外扩等老化现象，所以穿对内衣跟保养胸部，实在是女人不得不重视的课题！很多女生其实对于自己到底有没有穿对内衣，依然有着一知半解的疑惑，下面有 5 大症状提供给大家参考，毕竟找到病因后才可以对症下药嘛！

★症状 1：肩带经常下滑

　　依据每个人与生俱来或是后天因素所造成的肩型，有宽肩、窄肩、平肩、削肩等不同的类型，如果你属于有点削肩的身形，那你就不能挑选肩带太偏向外侧的款式。其实肩带在整个内衣上扮演很重要的角色，肩带越宽越可以支撑你胸部的重量，所以大胸部的女生千万不要找太细的肩带来增加肩膀的负担！另外，很多女生为了不露出太宽又丑丑的肩带，常会穿着细肩带或是改用时下热卖的造型肩带，甚至是使用绕颈式的肩带设计，这些肩带不但不能支撑你的胸部，穿久了还会造成肩颈的酸痛！久而久之坚挺的胸部也会开始慢慢地往下掉，试想看如果有一天胸部取代了腹肌的位置，那会有多可怕？

★症状 2：内衣罩杯经常上移

　　很多网友常会问：为什么我的内衣会往上跑？甚至还得常跑厕所动手调整内衣呢？这样的情形若是发生在公众场合的话，还真的是件挺尴尬的事情！但会发生这样的问题，通常是因为你下胸围穿得太松了，不然就是在罩杯的选择上，使用了太浅的杯形或不够包覆胸部的内衣！其实现在很多水饺垫很厚的内衣，罩杯都设计得很浅，所以当罩杯太浅时，它就会像两个盘子浮在胸前，当然也就很容易走位啦！

★症状 3：胸部有明显压痕

　　相信很多人在下了班回到家后，要做的第一件事情就是立刻解开身上的内衣，让咪咪享受大解放的快感！而当你脱下内

衣后，是否会发现胸部的上下左右都会有一点红红的压痕呢？或是连侧边也都有钢条的烙印呢？其实内衣为了要支撑胸部的重量，多少都会留下适当的压痕，除非是穿着无钢圈内衣，不然就是你内衣穿得太松。只是压痕也要压对地方，如果压痕不是落在你胸部的最外围，而是在胸部上的话，那就表示你的罩杯穿太小啰！长期下来，这可是会把你胸部的肉越切越出去的，到时内衣也就得越换越小了！

★症状 4：罩杯上缘太空或压胸

穿上内衣后，如果罩杯上缘有太多空隙，这说明你是上胸无肉的胸形，也是一般亚洲女性很常见的问题。建议你可以选择下厚上薄的罩杯，或是请水饺垫小姐来帮个忙，这样就可以减少罩杯上缘太空的症状了！反之，若是穿到上缘太过压胸的内衣，这就代表是你穿的罩杯太小啰！因为没办法把胸部很完整地包进内衣钢圈跟罩杯里，时间一久，"二奶"自然就会找上你啰！

★症状 5：背部有勒痕或挤出赘肉

有此症状的你，一定是选择了下胸围太小，或是背带太窄的内衣，才会产生勒痕！如果从前面看胸形很美，但转过身却发现背部有三层肉，那岂不是整个就很傻眼！我就曾经见识过有三到四层的"美背"，即使我用我那平凡的肉眼看得很用力，还是无法分辨出究竟哪一层肉有穿内衣！不过，现在很多内衣款式都做了美背功能的设计，所以三层肉应该只会出现在胖大叔的背影里吧！

看完以上这几点症状，你是否也曾发生与此类似的情形呢？不妨赶快打开衣柜检查，并淘汰掉不适合的内衣吧！

1-4 每个女生都要知道的基本功

很多女生对于穿内衣的方式都有着一知半解的疑问，以下提供专柜小姐级副乳归位的拨奶大法，还请各位姐妹们多多练习，把你的胸部拨回正确的位置吧！

▌如何正确穿内衣

在穿上内衣前，请将肩带先调整至适合自己的长度。如果不知道该怎么调整，建议你在购买内衣时，请专柜小姐先帮你把肩带调到适合的长度。

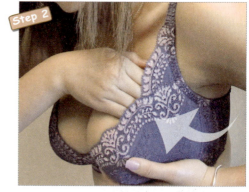

穿好内衣后，请先做第一次的拨胸动作。先将整块胸大肌从接近背部的位置提拉向上拨至罩杯，并确认钢圈位置是否正确。

接着请弯腰45度或更多的前倾姿势，以右手稍微出力把整块胸大肌拨入罩杯中，左手同时将内衣侧身片向上提拉，并顺着身体调整内衣侧身片。
（※ 虽然大部分的内衣教学手册上都写着弯腰45度，但依我个人的经验来说，弯腰的幅度应该要接近90度，这样才可以借由地心引力的作用，让肉肉自然向前靠拢。）

在右手把胸大肌拨于罩杯内的同时，左手也沿着侧身片向上提拉一直到肩带的位置。
（※ 简单来说就是一手拨胸、一手调整内衣。请先把胸大肌整块不客气地抓进来，在拨进罩杯后就请固定你的胸大肌不动，另一手再赶紧把罩杯提起向上，把乳房包覆进去！拜托！千万别再让她跑出来拈花惹草了！）

Step 5

左手顺着肩带的位置向上提拉调整，同时右手还是在原位固定胸大肌于罩杯中。如果在顺肩带的时候发现肩带松了，请先调短肩带长度，然后依步骤(2)的方式重新再来一次！

Step 6

右手掌心向罩杯滑动的同时，四只手指也请帮忙向上抓顺罩杯的边缘，而固定胸部的手可以随着调整慢慢松开。

（※ 调整内衣的手请尽量不要离开内衣，一气呵成地调整好喔！）

Step 7

沿着罩杯边缘整理拉顺的同时，请顺便检查BP点（乳头）是否有发生外露的状况，如果有的话，那就表示你穿的这件内衣尺寸太小啰！

Step 8

以步骤(7)的方式再继续调整另一边的胸部。

Step 9

由于先前都是以弯腰的方式来调整，为避免内衣穿成前低后高（或前高后低），此时请挺胸站直，并从镜子中检视内衣前后的高度是否一致。

Step 10

最后请检查肩带长度是否有稍留些弹性，约一只手指可放入的高度。

Final

有拨没拨真的有差喔！在经过巧手一拨后，罩杯就会马上升级啰！

肩带正确长度的丈量方法

测量方式：从肩带在肩膀最高那一点开始，拿布尺贴着身体往下至乳头处，依个人身高之不同，建议的肩带长度如下：
- 身高 155cm 以下娇小身材→ 8.5~9 英寸
- 身高 158~168cm 中等身材→ 9~9.5 英寸
- 身高 170cm 以上高挑身材→ 9.5~10 英寸

（1 英寸 =2.54 厘米）

★养成随时调整的好习惯

大部分女生的胸线位置都会低于新内衣本身建议高度，此时你先试着穿着几天，若是一下子觉得太紧或无法适应时，不妨先放松肩带至你觉得舒服的位置。不过，基本上在穿着 7 到 10 天后，身体就会慢慢适应这样的松紧度！毕竟保持最佳的肩带长度，内衣才会发挥它最大的功用来对抗地心引力！现在赶快拿起皮尺来找出最适合自己的肩带长度吧！以免内衣穿得太低，造成无法支撑胸部重量，而导致驼背的问题；同时肩带太短也会让肩膀承受太大的压力，而产生肩颈酸痛的困扰喔！

有不少网友问过我，为什么内衣明明穿好了，胸部还是会乱跑呢？你可以想一想，人的身体是软的，有些女生的肉更软（举手同意），所以你不可能奢望在穿上内衣后，即使连做三圈后空翻也不会产生位移的状况！建议大家可以在每次上洗手间时，照着以上的步骤再整理一下自己的胸形，顺一下内衣的位置，并请把调整内衣当成一种运动，养成顺手拨肉的习惯。

【同场加映】没有"事业线"？不妨就请其他的小肉肉来帮忙吧！

在这边也跟大家分享一个小诀窍，如果想要事业线更明显的话，不妨就请其他的小肉肉来帮忙吧！记得身体的肉是软的，可以让你任意支配！不过调整得好是帮助，调整不好就有副乳或外扩的可能性！切记切记啊！

把内衣穿好并完成拨胸动作后，请用手将内衣下缘稍作拉起，在接近胸下的地方开始从背后向前拨，主要目的是将侧身背肉向前集中。

当左右两边的侧身肉都拨至前方后，胸下处应该就会拨出些小肉肉，帮忙制造出丰腴的效果。

最后，请用手指由罩杯内将刚刚从胸下拨出的多余小肉肉向上拉提。

只要适当地将身体的肌肉稍作调整，便可以巧妙地将它变成胸部的一部分！大家不妨也多练习看看，找出创造美胸的最佳手感吧！

■ 内衣基本构造说明

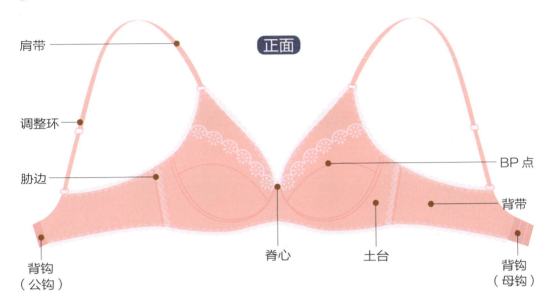

正面

肩带

调整环

胁边

BP 点

背带

脊心

土台

背钩
（公钩）

背钩
（母钩）

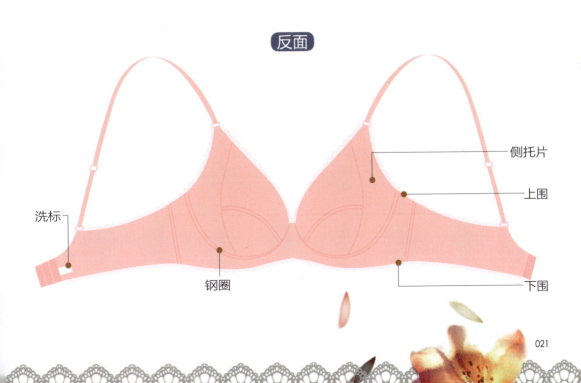

反面

侧托片

上围

洗标

钢圈

下围

▌内衣尺寸对照表

内衣尺寸计算方式： 凡下胸围为 70 厘米者，内衣尺寸即为 70 号。只要误差值在正负 2.5 厘米以内者皆可穿 70 号。

罩杯尺码计算方式： 请将上胸围减去下胸围的数字，对照右页罩杯尺寸参考数据表格后即为罩杯尺码的选择依据。例如：上胸围是 83 厘米，下胸围是 70 厘米，83 减掉 70 后的 13 厘米即为 B 罩杯。

下胸围	上胸围	罩杯 / 尺码	替代尺码	
70CM	80CM	A70	无	
	83CM	B70	A75	
	85CM	C70	B75	
	88CM	D70	C75	
	90CM	E70	D75	
	93CM	F70	E75	
75CM	85CM	A75	B70	
	88CM	B75	C70	A80
	90CM	C75	D70	B80
	93CM	D75	E70	C80
	95CM	E75	F70	D80
	98CM	F75	E80	
80CM	90CM	A80	B75	
	93CM	B80	C75	A85
	95CM	C80	D75	B85
	98CM	D80	E75	C85
	100CM	E80	F75	D85
	103CM	F80	E85	
85CM	95CM	A85	B80	
	98CM	B85	C80	A90
	100CM	C85	D80	B90
	103CM	D85	E80	C90
	105CM	E85	F80	D90
	108CM	F85	E90	

※ 以上表格仅供参考，毕竟各家内衣罩杯的深浅与版型都不尽相同，建议大家还是亲自试穿过后会比较好喔！

罩杯尺寸参考数据

罩杯	上下胸围之差距数据
A	10CM
B	12.5CM
C	15CM
D	17.5CM
E	20CM
F	22.5CM

欧美内衣尺寸换算表

下胸围（厘米）	美国尺寸	欧洲尺寸	法国尺寸
65	30	65	80
70	32	70	85
75	34	75	90
80	36	80	95
85	38	85	100
90	40	90	105

NuBra 尺寸之选购参考

	一般硅胶 NuBra			深 U 形 NuBra		有钢圈系列			
NuBra 尺寸	A	B	C	XS	S	A	B	C	D
一般内衣尺寸	A~B	B~C	C~D	A~C	C~D	A	B	C	D

※ 建议选购比自己胸部小 1 个尺寸，比较具有集中 & 托高的效果。

※ 小胸美眉穿着硅胶材质的 NuBra，较有丰胸效果。

※ 钢圈系列请照原本内衣尺寸穿着即可。

※ 大胸美眉建议穿着布面或钢圈材质，较有提托效果。

1-5 找到适合自己的内衣品牌

台湾很多女生对于内衣的品牌都很忠诚，但如果多尝试不同的内衣品牌，说不定你会发现不一样的惊喜喔！以下列举出几家比较常听到的内衣品牌跟大家分享，毕竟今天想吃中国菜，说不定明天可以试试牛排！

1 / 华歌尔

（旗下包含莎薇、摩奇X、婷婷、Fun time Club、une nana cool 等品牌）

品牌精神 以"从摇篮到摇椅为止"为基础，华歌尔商品之多元化，可说是网罗了各个年龄层的女性，从少女到熟女都有不同的产品可以选择。

产品诉求 以制作基础综合内衣为原则，再配合东方女性的身材曲线，每个时期都有不同的功能与剪裁，这也是华歌尔深得女人心的最大优势。

Bosslady经验谈

之前参加过几场华歌尔的内衣新品发布大秀，每次活动总是让我惊艳不已！内衣发布会的用心，让我感觉到老牌子对创意表现的严格要求。华歌尔走过了超过 40 个年头，一直都是大家心中的好品牌，不断地求新求变也是引领台湾内衣市场的最大关键。不论是本土品牌针对台湾女生的身形不断地推陈出新，又或是引进日系舒适感少女系和各种塑身衣裤，华歌尔这位龙头大姐，真的兼顾了女人从小到大所有内衣种类的需求。

2 / 黛安芬

（旗下包含蕾黛丝、sloggi、BeeDees、Valisere 等品牌）

品牌精神 黛安芬的经典红色皇冠商标，让人一眼就感受到品牌所要强调的性感与热情，还有新时代女性的独立精神。

产品诉求 符合东方女性身材的贴心设计，深受台湾女性同胞们的喜爱。内衣可不只有美化雕塑的功能，还兼具了时尚流行的味道。

Bosslady经验谈

黛安芬的"危险Ｖ曲线"每次都看得我心痒痒，但却也常苦于没我的尺寸可以让我亲自感受；"蝴蝶美型"也是平均每3个女生就有1件的梦幻逸品；sloggi 的"梦露"系列更是让我引颈期盼，期望新一代的款式可以快点登场；而针对亚洲女性身形所开发的 Valisere，性感又精致的蕾丝与独特的脊心设计，加上平易近人的价格，更是让我爱不释手！

3 / 曼黛玛琏

（旗下包含玛登朵）

品牌精神 以雕塑"黄金新三角"完美胸形为目标，专为东方体型量身打造的曼黛玛琏，累积的忠实拥护者可不少！

产品诉求 独创美胸式功能剪裁，加上双弧钢圈、螺旋侧压等创新的研发设计，品牌所着重雕塑完美胸形的目标，也成功虏获了女生们的心。

Bosslady经验谈

　　我知道很多女生都疯狂爱着曼黛玛琏这个内衣品牌，因为除了时尚感的设计外，也具备了良好的功能性，包覆性强的特色也让许多拥有副乳的女性都十分推崇！不过，因为丹尼数（纺织业纤维的计算单位，丹尼数越高越厚实）较高，穿起来也比较会有束缚感，我觉得大家还是要亲自试穿过后，才知道是不是真的适合自己喔！

4 / 奥黛莉 EASY SHOP

（旗下包含 18eighteen PINK、Audrey、Kiss girl、easybody、梦涟娜性感内衣等品牌）

品牌精神 走进 EASY SHOP 就像是走进了一间专卖内衣的百货公司，它利用异业结盟的方式引进商品，并成功导入家庭式的购物观念。

产品诉求 除了针对东方人的体型，创造出不同功能的款式外，为了配合消费者求新求变的喜好，也打造出不少个人化风格的设计。

Bosslady经验谈

　　二十几岁时的我，深深地被奥黛莉款式的多样化，以及平实的价格所吸引。近几年来，她们又引进了 18eighteen PINK 的日系内衣抢攻少女族群，法系内衣更强烈吸引了我这位熟女的目光！除此之外，我曾经参与过店长与员工自行举办的小型分享聚会，店员和顾客之间的互动，就像是好姐妹、好朋友般，也让我感受到从小处着眼、充满创意的活动表现。

5 / 思薇尔

（旗下包含 SWEAR、CATOU）

品牌精神 我很喜欢思薇尔"让内衣进入时尚的殿堂"的口号，它以大胆创新的材质与不同的剪裁方式，设计出许多时尚的内衣款式。

产品诉求 利用时尚、性感、妩媚等特色，成功打造出多款时尚的内衣流行指标。使用进口全弹性蕾丝的内衣，穿起来有说不出的舒适感。

Bosslady经验谈

　　我深深为思薇尔的"挺完美"款式着迷，它也是我内衣柜中最常穿的款式之一。记得之前在百货公司试穿了一轮内衣后，当我再度来到思薇尔的专柜前，摸到"挺完美"的瞬间，我马上被那柔软的布料所吸引，穿在身上的感觉更是舒服到无法用笔墨来形容。我只能说，如此能舒缓疲累的内衣，真的让我印象深刻！而且在尺寸方面居然还做到了 G 罩杯，更满足了所有丰满的女性朋友的需要。

6 / La Felino

（旗下包含罗丝美、Felino）

品牌精神 以"爱的罗曼史"所设立的品牌，所有商品都有着不同的爱情故事。这对女性消费者来说，可有着不可抵抗的魔力啊！

产品诉求 使用欧洲进口原材料，以"类手工"的设计手法，针对东方人的尺寸量身打造，可以说是东方版型、欧洲时尚。

Bosslady经验谈

　　讲到 La Felino，就会让我想到在看过 La Felino 内衣马甲后，每个女生都会流露出的惊叹表情！在 La Felino 的新品发布会上，虽然没有华丽的排场，但有总经理与设计总监亲切地讲解，在他们详细地诉说每件奢华精致内衣背后的美丽故事之后，更让我感动于该品牌坚持质精量少，和坚持走时尚精致路线的努力！

7 / aimer feel

品牌精神 由曾任职于华歌尔的日本内衣教父山下治夫所创立的品牌，成功打入了小胸族群的市场，是专门针对东方女性设计的时尚内衣。

产品诉求 每件内衣从设计、剪裁到品质检测都需历时三个月才能正式上架，如此严格的流程管控，也让消费者感受到品牌的用心。

Bosslady经验谈

也许是因为自己是大胸的关系，所以平常比较少接触小而美的日系内衣，但穿过一次 aimer feel 的内衣后，就让我发现日本人对于内衣的用心。不仅每款内衣的水饺衬垫都经过精密计算，密度跟大小也都不尽相同。对于小胸部的女生来说，不仅有意想不到的激爆视觉效果，还有侧边的镂空弹性蕾丝背带设计，也能巧妙地隐藏住背部的小肉肉。另外，专为东方女性所设计的 65cm 下围内衣，更是许多娇小女性的福音！

8 / On Street

品牌精神 日本五大厂商合作开发的 On Street，不仅展现丰富的多元化设计，且从 A 到 F 罩杯一应俱全的商品款式也是其优势。

产品诉求 在大量运用蕾丝、刺绣、珍珠、亮片、水钻等不同的元素打造之下，时尚的设计感也成功颠覆了传统的基本款式。

Bosslady经验谈

　　对于喜欢大蝴蝶结跟大量蕾丝的女生来说，On Street 的内衣一定不会让你失望！有功能性且穿起来很轻盈、无重量负担，也是我试穿过后的最大感受。由于品牌强调少量多样化的经营模式，所以看上 On Street 的内衣，下手动作可要快喔！

9 / Passionata

品牌精神 希望将时尚流行的最新元素，巧妙地融入内衣的设计理念，也让这个来自法国的品牌自成一格，展现女人特有的性感妩媚。

产品诉求 无论是性感蕾丝设计，又或是舒适自然的无痕款，融合地中海热情的法式风格，成功赋予内衣不同于以往的全新风貌。

Bosslady经验谈

自从接触到 Passionata 后，我就为它简单又充满时尚感的设计而疯狂！其实我一直都很爱穿无衬的内衣，而它也是擒男时的最佳利器！虽然说无衬属于比较没有功能性的内衣，为了保护胸部的坚挺与浑圆，最好是不要太常穿……但为了拥有好心情，我会选择用 Passionata 来宠爱自己！

10 / Lady

品牌精神 累积多年的专业车缝技术，并以法国巴黎为灵感的创意来源，兼具时尚流行与实用魅力的 Lady 内衣，早已成为女人衣橱里不可或缺的圣品。

产品诉求 强调一针一线都在台湾生产制造，长年来专为台湾女性付出的努力，也成功帮大家打造出最诱人的 3D 立体曲线。

Bosslady经验谈

曾经有机会与 Lady 设计师以及内部高层细谈，听他们谈到对于自家内衣的心得，虽然某些单品价位真的比较高，但做工的繁琐过程却让我觉得物超所值！我对 Lady 的功能内衣评价很高，也会利用 Lady 的内衣来调整自己的胸形。虽然很欣赏该品牌刺绣车工的款式，只可惜都与我这个大咪咪无缘啊！

1-6 东方人最常见的问题胸形

　　人有千百种，胸部当然也有很多种啰！到底各种胸形适合穿什么样的内衣，怎样的内衣才是适合你的呢？ Bosslady 帮大家整理出简单易懂的笔记，赶快来画重点，挑选出最适合自己胸形的内衣吧！

▊ 何谓黄金美胸比例？

首先，请大家先来认识自己的胸部！
你是否符合完美的黄金美胸比例呢？

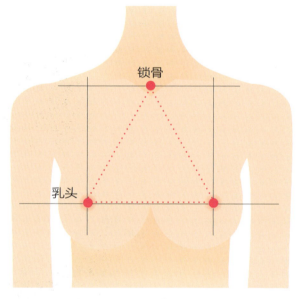

锁骨

乳头

完美黄金胸形（正三角形）

完美的黄金三角胸形

　　从锁骨中间点到两侧乳头的距离相同且正好等于两乳头之间的距离，也就是呈现等边正三角形的比例，这就是女生们梦寐以求的完美胸形！不过，即使不是完美胸形也没关系，只要对症下药穿上对的内衣，一样可以打造后天美胸的黄金比例！

▌小胸美眉怎么穿?

小胸女生在内衣选择上,常会遇到下胸围太瘦(70cm以下)的问题。建议大家不妨试试日系内衣,因为不管在钢圈宽度或罩杯深度的选择上,日系内衣所贴心推出的65cm下胸围尺寸,一定会比较贴合东方人的身形,千万不要老是屈就于替代尺寸,以免胸部越变越小喔!

除了追求激爆乳沟效果之外,水饺垫的厚度、舒适度、重量感也得要特别注意,毕竟太重的水饺垫反而会造成两肩的负担。不过,现在已有厂商研发油与空气结合的衬垫,改善了水袋衬垫太重的问题。

另外,常穿着太厚或求爆乳效果的浅杯内衣可是会压迫胸形的,而且不是小胸就不用包覆喔!试想看看,已经是小胸但万一又外扩了,那岂不是更得不偿失了吗?

何谓小胸?

1 平时都穿 A~B 罩杯的人。

2 胸部比较没有脂肪。

3 穿衣服时,侧面胸部无法看出隆起者。

示范者:小柔 胸围:32B

小胸美眉的内衣挑选重点:

① 下厚上薄的罩杯设计,可有效帮助提托小胸。

② 利用市售水衬垫或空气油衬垫,几乎都可以有不错的"造沟"效果。

③ 若选择有重量的水衬垫,请注意肩带不宜过细。

④ 小胸女生可挑选较软的钢圈穿着,比较不会造成卡骨疼痛的问题。

⑤ 在追求美胸之余,也请别忘了左右两侧的包覆功能。

品牌款式	图解效果	产品重点
赞！ **蕾黛丝** 极致奢华真水		**特色：** 独家半水半空气真水衬垫，利用水的聚集效果，将胸部向内集中、向上提托，让胸形饱满，罩杯瞬间激升。 **Bosslady 讲评：** 这款已经不知道听多少位小胸美女讲过造沟效果惊人了，包括下胸部位因为水衬垫的关系，看起来或不小心摸到时都感觉很有料，相信未来会继续热卖畅销下去！
黛安芬 水感动 魔术胸罩		**特色：** 结合水与空气的改良式水波衬垫，随着胸部曲线自然流动，不仅撑托让胸形更丰盈浑圆，胸部也达到托高集中的效果。 **Bosslady 讲评：** 黛安芬的水感动魔术胸罩，果真发挥它魔术般的效果，可说是与其他水垫款内衣有一拼！
华歌尔 粉俏迷系列		**特色：** 利用俏迷衬垫搭配"下厚上薄"无缝罩杯设计，不仅将胸部托高、集中，乳沟也呼之欲出，成功达到 CUP 瞬间升级的效果。 **Bosslady 讲评：** 造型时尚又贴心提供多款颜色选择，这款粉俏迷可是华歌尔的经典畅销款喔！

品牌款式	图解效果	产品重点
aimer feel 性感美胸		**特色：** 双层的太空记忆棉垫，加上下厚上薄的罩杯设计，让小胸也可以有真实触感，以及诱人的 QQ 奶！ **Bosslady 讲评：** 来自日本的 aimer feel，一直朝着爆乳目标前进，如果喜欢日系内衣所追求的深沟及美型可爱的设计，那你一定得入手！
On Street 花边教主		**特色：** 雪纺舒适的材质，搭上一层层的蕾丝设计点缀，使视觉上有更丰满、更完美的胸形效果！ **Bosslady 讲评：** 日系的内衣当然少不了爆乳的功能，不仅穿起来舒适，设计也很时尚。只是选择比较多蕾丝缀饰的内衣时，大家在外衣穿着上也要比较注意，才不会有外露的痕迹！
玛豐玛朵 魔俏 V		**特色：** 低脊心与中胁边版型，在舒适包覆的同时，又能展现出深 V 效果。下厚上薄的杯形设计，内衬独家舒适魔粒衬垫，使胸形更饱满、更提托，加上罩杯外观抓折设计，胸部的整体视觉更有分量与立体感。 **Bosslady 讲评：** 玛登玛朵的内衣机关可不少，魔俏 V 的内衣设计不仅相当时尚，可外露的肩带跟神秘感的蕾丝，可以说是又成功地攻占了我们这些少女心的荷包啊！

▌上胸无肉怎么穿？

上胸无肉的女生最常见的问题，就是当你穿上内衣后，上胸常跟内衣保持一段安全的距离，或是当你稍微活动一下，内衣就开始走山移位！这样的状况并不是只会发生在小胸美眉身上，丰满的女生也有可能会遇到，甚至还有可能是大小胸的问题。若是发现大胸处罩杯很贴合，但小胸处却空掉时，只要把大胸处的水饺垫抽掉，再留下小胸处的水饺垫就可以获得改善！

何谓上胸无肉？

1. 胸部底面积大，胸部上半部较没有脂肪。
2. 穿起内衣，罩杯上缘总是空空的。
3. 身体摆动时容易造成内衣滑动。

上胸无肉美眉的内衣挑选重点：

① 可选择下厚上薄的杯形，达到胸形提托的效果。
② 选择半罩式或比较浅杯的内衣，可以营造上胸饱满的效果。
③ 不妨选择肩带处有上胸侧包的设计。
④ 绕颈肩带款式的内衣，可以巧妙地修饰上胸空掉的情形。

示范者：洁西卡 胸围：32C

品牌款式	图解效果	产品重点
赞！ **Lady** 馥丽缤纷系列 **Flourishing**		**特色：**内衬使用天然丝绵材质，吸汗又透气。罩杯采用三片式剪接，立体浑圆。前中心深∨性感设计，胸形集中托高，乳沟立现，也可减少胸口压迫感。 **Bosslady 讲评：**这件并没有超级厚的水饺垫，蕾丝穿起来也很舒服。3/4罩杯款式，完整包覆到胸部上半部。减少压迫感的深∨设计，虽然不是最有沟，但也浑圆好看！

品牌款式	图解效果	产品重点
华歌尔 NEW 双翼 X 柔流 （边边靠过来）		**特色：** 罩杯外翼从胸部下缘向上延伸至肩膀的侧提托设计，加强托高与侧推的效果。 **Bosslady 讲评：** 罩杯里的提托片，不仅很漂亮地遮住容易空掉的上胸，也适当地提托胸形，等于是双层的提托与修饰。
曼黛玛琏 峰尚复古款		**特色：** 简洁设计的复古款式，材质选用 HIGH IQ 智能化布料，穿着透气度加倍，柔软度更胜。中肋深 V 的设计，前中心零压迫感，轻松塑造出立体浑圆的极佳胸形。 **Bosslady 讲评：** 没想到一体成型的内衣也可以穿出这么浑圆又集中的效果！真不愧是众多网友大力推崇的曼黛玛琏，兼具时尚设计与实用功能性啊！
aimer feel 月光女神		**特色：** 通过罩杯下厚上薄的设计，将胸部上托更显深沟集中，轻松升级两个 CUP，自然展现胸部的律动感。 **Bosslady 讲评：** L 形钢圈，下厚上薄再加一层水饺垫，能够有效将胸形向上提托。
蕾黛丝 法式情怀 U 靠过来		**特色：** 时尚 U 形 1/2 罩杯剪裁，胸形浑圆自然，低领搭配也很性感，肋边加高 2cm 将副乳向内集中，有效解决副乳问题。 **Bosslady 讲评：** 半罩式的内衣可以制造出上半胸浑圆有肉的感觉，旁边的蕾丝肩带又有修饰上空或副乳的效果。

▌鸡胸型怎么穿?

胸前壁向前凸出、外形特征为前胸外凸即为鸡胸型。因为胸骨的关系，胸形看起来也比较没有那么丰满，不管是大胸还是小胸，穿内衣更难有造沟的效果出现。甚至穿着脊心太高的内衣款式，常会因顶到胸前中间的骨头而产生不舒服的感觉。最让鸡胸型女生心有不甘的，应该就是有不少 D 罩杯的女生，看起来却好像只有 B 罩杯，可说是有奶难伸啊！在此也建议鸡胸型的女生不妨加强锻炼胸大肌，只要多长点肉就可以改善鸡胸型的外观喔！

何谓鸡胸型?

1 胸前骨头明显隆起者。

2 穿内衣不容易挤出乳沟。

3 穿一般钢圈内衣容易顶胸引起疼痛感。

示范者:小桦 胸围:32C

鸡胸型美眉的内衣挑选重点:

① 请尽量选择脊心低的深 V 款内衣，以舒缓顶到胸骨的不适感。

② 选择没有土台或 L 形钢圈的设计，可以帮助集中胸形。

③ 因为胸骨的关系，千万不要过度追求乳沟而让身体不适，先把胸形穿好才重要。

品牌款式	图解效果	产品重点
 aimer feel 俏皮圆蝶		**特色:** 号称日本新宿店销售 No.1 的保证，3/4 缎面深 V 罩杯的设计，也不经意地穿出了利用内衣造沟的效果！ **Bosslady 讲评:** 日系内衣有很多都是深 V 及 L 形钢圈的设计，这不但可以让有鸡胸的女生们免去顶着钢圈不舒服的痛苦，又可以轻松达到爆乳的效果！

品牌款式	图解效果	产品重点
思薇尔 梦露系列		**特色:** 拉长深 V 胸档搭配小巧的土台，强调妩媚复古线条，以及深沟的魅力。增厚式衬垫明显增量丰胸，透露性感秘密。 **Bosslady 讲评:** 梦露的深 V 及低脊心设计，搭配漂亮的蕾丝也是不错的选择，有土台的设计让胸形更稳定。
sloggi 校园时尚特务		**特色:** 军装迷彩几何图形，造型抢眼。多变式可换肩带设计，随心所欲。利用低 V 版型设计，展露百搭性感的女人魅力！ **Bosslady 讲评:** 休闲运动风的深 V 设计，穿着简单又舒适。少了土台再搭配上零脊心的版型，非常适合鸡胸或骨感的女生。
黛安芬 危险 V 曲线 性感地带		**特色:** 危险 V 曲线水滴形罩杯，加上深 V 剪裁与低脊心的设计，魅惑指数无人能敌！典雅蕾丝搭配可拆卸前绑式缎带，女生可卖弄的性感变化更多！ **Bosslady 讲评:** 黛安芬的经典热销款"危险 V 曲线"系列，全部都采用深 V 低脊心的设计，不仅很适合鸡胸型的女生来挑选，还可以展现性感火辣的变化！

▌外扩副乳怎么穿?

　　到底为什么会有"副乳"的产生呢? 如果不是天生的, 通常就是内衣穿着不当所造成的! 举例来说: 明明就是有 C 罩杯的身价, 你却要硬把它放在 B 罩杯的空间里, 你的胸部得不到应有的爱与包容, 只好向外发展延伸! 所以别忘了让胸部享有适当的发展空间, 相信你的副乳一定有机会获得改善! 不然等到某天发现事态严重时, 那可就欲哭无泪了!

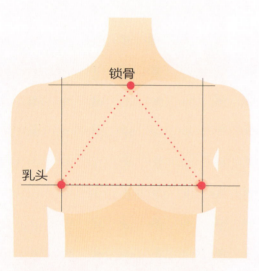

锁骨

乳头

外扩胸形（等腰三角形）

何谓外扩副乳?

1　乳头两点跟锁骨中间点, 三点连成等腰三角形。

2　乳头超过身体旁边的腰线。

3　正常的一对乳房之外长出多余的赘肉, 一般在腋前或者腋下。

示范者: Joy 胸围: 36C

外扩副乳美眉的内衣挑选重点:

① 购买前请认明"侧身片", 也就是"胁边"要有一定的高度。
② 肩带偏外侧的款式较能与罩杯连成一线, 达到提拉两侧的效果, 进而包覆副乳。
③ 罩杯的大小与钢圈宽度, 请选择能够完整包覆你胸部的罩杯尺寸。
④ 尽量不要选购 1/2 罩杯或无衬款式。

品牌款式	图解效果	产品重点

Lady
魔力功能
调整型

特色： 腋下隐藏式魔力N字专利设计，达到平整腋下浮肉的效果，加上后背片加宽加高的设计，胸部瞬间往内集中，带来很有力的提托帮助。

Bosslady 讲评： 这款内衣可说是我博客里，网友询问度最高以及回购率最高的商品，不只是外扩副乳型，有下垂胸问题的女生也很适合。

蕾黛丝
古典蔷薇
减压款

特色： 独家专利脊心交叉减压，120度特殊脊心角度设计，让罩杯随着胸形调整至人体最舒适的角度。固定式推波月牙片，波弧式车缝设计，达到提托胸部并让视觉更集中的效果！

Bosslady 讲评： 宽版的侧边提托片，加上假袋及水饺垫的搭配，除了完整包覆胸部外，同时达到显著的集中效果。

思薇尔
蜂蕾丝系列

特色： 高胁边加上双塑片，不仅能加强收拢副乳并修饰胁边浮肉，更有瘦身的视觉效果。内衬棉质月牙托片，柔软舒适外更加强提托功能。

Bosslady 讲评： 这款收拢副乳的效果也是一等一，让你不小心多出来的小肉肉被漂亮的蕾丝收得好好的，同时也可以修饰两侧的赘肉！稳定性佳的效果，不会因为一点点地移动而让副乳再度出来 Say Hello！

品牌款式	图解效果	产品重点
曼黛玛琏 捧胸 bra 梦想款		**特色：** 高胁低脊心的款式，运用专利双弧结构、前中心打角交叉设计，以及螺旋状侧边加压等多层繁复工法，完美加强包覆与提托功能，为胸部打造更舒适骄傲的空间。 **Bosslady 讲评：** 向来有着很多机关、深受女性朋友欢迎的曼黛玛琏，在副乳包覆及功能型的款式上可谓费尽心思，是包"二奶"时不错的选择。
思薇尔 梦露系列		**特色：** 拉长深 V 胸档搭配小巧的土台设计，强调妩媚复古线条。而固定式衬垫加上活动式衬垫的辅佐，轻松达到丰胸增量的效果，打造深沟魅力。 **Bosslady 讲评：** 如果你属于外扩胸形，但又还没有太严重的副乳，其实你也可以尝试这样深 V 的杯形，以及特殊胸垫与钢圈的设计，轻松拥有深不见底的鸿沟。
黛安芬 深 V 水感动 魔术胸罩		**特色：** 改良式水波衬垫，借由水和空气的聚集效果，由下向上、由外而内将胸部托高集中，自然呈现胸部丰盈浑圆的效果。 **Bosslady 讲评：** 由水和空气所聚集的厚垫罩杯，让外扩胸形可以经由水衬垫的帮助，创造出属于自己的事业线！不妨可依场合巧妙地与服装适度搭配，创造出傲人的效果。

【同场加映】副乳外扩不妨这样穿！

　　除了以上推荐给大家的防外扩副乳内衣外，奥黛莉所推出的皇家弧蝶"就是包"系列，也特别将双塑片的侧边加高设计，不仅能巧妙地包覆副乳，还可以防止胸部变形喔！甚至并非针对包覆副乳的"就是 V"设计款，也因手捧魔力片而创造了集中、托挺的视觉效果。利用罩杯两侧的薄纱效果，再加上提托片完整地遮住了副乳的部位，不仅美化了偶尔会不小心跑出来的小肉肉，也避免了夏天腋下闷热的不舒服感。

　　其实外扩严重的女生，通常是因为长期没有正确穿着内衣，以至于小肉肉全都向背后发展，甚至还会有"虎臂"的状况发生。除了赶快找到适合的内衣来导正外，不妨也可以搭配一件半身形的塑身衣来雕塑一下，不仅可以慢慢将外移的后背肉给弄回去，还可以有让胸形更集中的效果，整体的身形也会更完美、更好看喔！

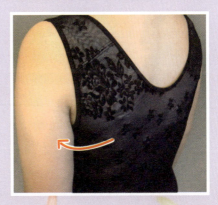

丰满下垂怎么穿?

通常丰满的女生都会遇到胸部下垂的困扰, 不妨利用以下几点来检查自己是否有下垂的危机。

1. 乳晕下缘低于下胸线或呈现水平。
2. 乳头位置低于上手臂的二分之一处。
3. 乳头指向地面。
4. 胸部肌肤松弛、没有弹性。
5. 怀孕胸部胀大, 产后哺乳急速缩小。

大胸女生因为胸部的重量不轻, 最怕的就是穿到没有支撑力的内衣, 导致胸形日益下垂! 对丰满的女生来说, 内衣穿一整天下来, 肩膀的负担也不小, 所以在挑选内衣时, 首重肩带宽度的设计! 另外, 因为地心引力的关系, 也要预防下垂的问题, 钢圈部分最好以硬式钢圈为主, 罩杯则可选择全罩或改良式的 4/5 罩杯, 以求能完整包覆到胸部。不过, 现在也有很多 3/4 罩杯款式有良好的支撑效果, 甚至如果不喜欢钢圈的束缚感, 也可以选择全罩式无钢圈的内衣来穿着。

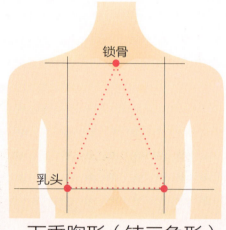

锁骨

乳头

下垂胸形(钝三角形)

何谓丰满型?

1 平时都穿 C 罩杯以上的人。
2 上胸围减掉下胸围大于 15 厘米。
3 穿衣服时, 侧面有明显隆起者。

丰满或下垂美眉的内衣挑选重点:

① 罩杯款式请选择接近全罩或 4/5 罩杯。
② 请勿穿着太细的肩带以免造成肩膀的负担。
③ 胁边及后背片请选择加高加宽款来加强侧压。
④ 后背扣请选择最少三扣式后背片, 以求整体胸形之稳定。
⑤ 请选择较硬的钢圈来支撑胸部的重量, 预防胸部下垂的问题。

示范者: Bosslady 胸围: 36E

品牌款式	图解效果	产品重点
 **华歌尔** 深 V 超火辣 全罩款内衣		**特色：** 全罩杯款式。高胁边设计包覆性强，罩杯肌侧处另加弹性提托网布，增强提托力，可有效改善下垂问题。 **Bosslady 讲评：** 穿着 E 或 F 罩杯及以上，又有下垂现象的女生，最好选择像这样全罩式的内衣。不仅让丰满的胸部可以受到完整地包覆而避免外扩，侧提功能的设计更可以防止下垂。
LADY 迷恋花语系列 Fascination		**特色：** 三片式泡棉剪接立体浑圆，侧边拉角设计具提托侧压功能，可防止副乳产生，胁边也有加高侧片加宽设计，让胸形向前集中。 **Bosslady 讲评：** LADY 家的内衣也有不少功能型的款式，这款迷恋花语看罩杯就知道超包覆，也蛮适合发育中的胸形穿着。
黛安芬 蝴蝶系列		**特色：** 3/4 罩杯与胁边加高设计，加强集中侧压效果。罩杯内有提托片，并有托高胸形的功用。整体丹尼数高，可算是功能型的内衣款式。 **Bosslady 讲评：** 大胸的女生也可以穿到美型内衣！像是这款蝴蝶系列，在肩带支撑度跟胁边加高的部分都有不错的表现。而像蝴蝶翅膀般的下摆设计，也让背肉跟容易下垂的乳房得到很好的支撑。

品牌款式	图解效果	产品重点
思薇尔 峰蕾丝系列		**特色：**高肋边加上双塑片的设计，加强收拢副乳并修饰肋边浮肉，并有瘦身的视觉效果。内衬棉质月牙托片，柔软舒适外也有加强提托的功用。 **Bosslady 讲评：**对思薇尔家的内衣印象一直都很好，这件"峰蕾丝"乍看之下并不抢眼，但对副乳及丰满胸形的呵护，加上稳定性高又好穿的设计，让人一试就爱上！
思薇尔 着迷藏系列		**特色：**独创的胸档舒压片，减轻中心点压力，下罩杯蕾丝设计出手捧式的线条，增加支撑力的视觉效果。 **Bosslady 讲评：**着迷藏系列我几乎都穿过，这款内衣对大胸的支撑力及包覆性都很不错，重点是竟然还做到了 G 罩杯！不少特殊尺寸的美眉们铁定囤了很多货！
aimer feel 雪纺花恋		**特色：**采用 L 形 3/4 罩杯钢圈，以及中央压低、两侧提高的设计，加上柠檬形太空记忆软垫的保护，让罩杯立显丰满。 **Bosslady 讲评：**其实 aimer feel 不只是小胸女生的专利，像这款缎带交叉镂空、弹性雪纺的后背扣设计，不但不挤肉也不紧绷！只是太细的肩带跟侧边设计，还是不建议天天穿着使用。

1-7 如何善待自己的好朋友？

想要延续内衣的生命，除了正确的穿法之外，尤其以洗涤的方式影响最大！你有正确地照顾清洗跟你最贴近的内衣吗？通过与网友们的交流，我发现会用肥皂、沐浴乳、洗衣精等洗涤剂来清洗内衣的女生还真不少！但其实这都是错误的，你知道吗？

▌内衣种类之清洗教学

以沐浴乳来说，因为它是用来洗净身体的脏污，洗清分子也较大，不但无法深入清洁到衣服的纤维里，甚至还会卡一层滑滑的薄膜在内衣上，就好像我们洗完澡那种滑滑的感觉一样。这也会导致内衣的透气性变差，而且脏污也不一定都能清掉喔！这时候有人就会问啦：那洗衣精明明就是洗衣服用的啊，为什么却不能拿来洗内衣呢？其实洗衣精或洗衣粉虽然是可以拿来洗所有的衣服，但洗净效果太强的洗剂，以同样一件内衣若用洗衣精跟冷洗精来比较的话，用冷洗精来清洗，内衣的寿命大概是 300 次，但如果用洗衣精来洗的话，大约 100 次内衣就会跟你 Say Goodbye 了……

毕竟如果有一个洗剂可以洗全部衣服的话，那市面上也就不会出现洗一般衣物、特殊衣物或是贴身衣物等不同的洗剂了，对吧？那为什么洗贴身衣物要选择冷洗精呢？主要是因为冷洗精有除螨、抗菌等功效，甚至也可以减少衣物摩擦皮肤所产生的不适感，并呵护你的 BP 点。如果不知道该如何判断的话，那就请选择中性（pH 值 7.0±1）的洗剂吧！

在清洗内衣之前，你们有仔细看过内衣上的洗标指示吗？它可是提供了完整的清洗方式和禁忌的喔！如果大家照着洗标指示来清洗的话，就可以有效保护内衣，并可以延长内衣的使用寿命喔！

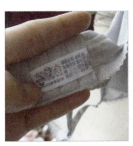   

基本上，内衣的清洗原则不外乎使用30度温水洗（使用太热的水清洗内衣会使得纤维受损，脏污不易洗净）、不可漂白、不可熨烫、不可烘干、不可干洗、不可扭干，并请在阴凉处吊挂晾干等指示。另外，浅色及深色的内衣请分开来清洗，以免发生颜色沾染的问题。而清洗前也别忘了要先检查一下，内衣如有脱线处必须先缝合，还有扣好背钩、调整肩带也得注意，以免洗涤过程中钩到细致的蕾丝花边，那可就得不偿失了。

Step 1 请先倒微量的中性洗洁剂溶入不超过30度的温水中，以挤压瓶装为例，一件内衣约挤压2~3下即可。

Step 2 请将内衣完整浸泡3~5分钟。水量以可以盖过内衣的高度为准。脸盆也以大一点的容积为佳，让内衣在浸泡时可以有空间伸展。

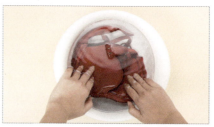

Step 3 请用内衣的后背带轻轻搓洗内衣钢圈，以及较容易留下汗渍的地方（如腋下侧身片处）。请不要使用洗衣刷或牙刷等硬毛工具刷洗内衣，以保护内衣蕾丝布料的完整。另外，洗后切勿使用衣物柔软精，以免损坏内衣的弹性纤维。

Step 4 完整搓洗后再用清水洗净，并请以手抓罩杯下缘（钢圈）的方式，稍微甩动内衣以沥干水分。（※ 请勿用手拧干整件内衣或大力脱水，以免造成钢圈变形。）

Step 5 之后再用干毛巾轻压内衣与罩杯处，钢圈的部分请特别着重吸干，如果不稍作吸水就晾干内衣的话，水的重量也会拖垮内衣。（※ 在没有使用洗衣球保护的情况下，请千万不要使用洗衣机脱水喔！）

Step 6 将内衣以倒吊的方式晾干。请将夹子夹在罩杯的两边下缘处，左右两侧的位置也请尽量平均，并稍微调整一下罩杯的形状。（※ 建议大家可以夹在两边钢圈及侧身片的位置。）

最后也提醒大家，内衣请晾在通风的地方自然风干即可，避免长时间曝晒于日光下或使用烘干机，以免产生内衣质变、褪色等问题，并影响穿着时的舒适与美观。还有很多女生会把内衣直接晒在浴室里，这也是很不 OK 的行为！因为浴室这种潮湿、黑暗、通风不良的环境，可是霉菌滋长的温床，严重的时候还有可能让你的宝贝衣物产生发霉的状况呢！

错误晾干内衣的方式

晾干时，衣夹请勿只夹在一处施力点（钢圈或罩杯处），也不要只夹住两边的肩带！因为地心引力的作用，很有可能把你的内衣越拉越变形喔！

★ 无衬蕾丝内衣该怎么清洗？

无衬蕾丝内衣的清洗方式大致与上述步骤相同，提醒大家在清洗前一定要先将背钩扣好，而在搓洗时也请小心过长的指甲会钩坏蕾丝喔！

★ 内衣可否直接丢进洗衣机？

若要丢洗衣机清洗，请一定要用洗衣袋或内衣专用的洗衣球来保护内衣，清洗的时间也不宜过久。因为洗衣机有离心力，洗太久会让内衣变形。建议选择轻柔水流的洗涤方式，清洗时间也不要超过 5 分钟，脱水时间则不要超过 10 秒钟。

★ 用洗衣袋的清洗方式

请先将内衣对折重叠后，再将肩带跟背带收纳到后方，最后再置入内衣专用的三角洗衣袋内即可。（※ 一体成型的内衣请尽量避免使用洗衣袋来清洗，以免破坏杯形。使用洗衣袋时，洗衣机也勿设定太强力的转速功能。）

★ 运动内衣该怎么清洗才好？

建议大家在运动后立即清洗，以免汗水留在纤维中造成堵塞，洗后只要在通风阴凉处晾干即可。常运动的我通常都会利用洗澡时间，在脸盆里先使用中性洗剂浸泡内衣，洗完澡后顺便使用手洗的方式稍微清洗搓揉一下，最后再用洗衣机的"羊毛模式"脱水后晾干即可。（※ 因为运动内衣要承受胸部在运动时的大力冲击，所以太大力的脱水力道，布料会很容易松掉喔！）

★ 用洗衣球的清洗步骤

 Step 1

内衣完整放入洗衣球后，先整理好罩杯形状，再将肩带跟背带部分收纳至两侧或洗衣球中多余的空间。

 Step 2

小心地扣上洗衣球时，也请确认肩带及其他蕾丝部分是否有外露。

Step 3

紧扣住洗衣球最外面的扣环后，请选择轻柔水流的清洗设定即可。

★ NuBra 隐形胸罩该怎么清洗？

NuBra 每次穿戴后一定都要清洗喔！只要使用温水加上少许 NuBra 专用的洗洁液或中性肥皂（不含润肤成分）清洗，借由清洗动作清洁附着在罩杯上的油脂即可。切记！千万不可以使用吹风机吹干，或以面纸直接擦拭 NuBra 喔！

NuBra 清洗注意事项

1. 不能用布直接擦拭罩杯。
2. 请小心指甲刮伤粘胶罩杯。
3. 粘贴处不能使用香水或乳液。
4. 清洗时不可使用刷子。
5. 请避免使用利器。

Step 1

以手掌捧着罩杯，并用温水沾湿 NuBra 后，倒入大约一元硬币大小的 NuBra 专用洗洁液至罩杯内缘，以指腹用画圆圈的方式清洗罩杯表面。请小心指甲不要刮伤罩杯，以免造成粘胶破裂的状况。

Step 2

清洗过后，请用甩动的方式甩掉过多的水分。如果是钢圈式的 NuBra，请抓着钢圈边缘轻甩即可。

Step 3

最后，将清洗过后的 NuBra 扣上扣环，置于收纳盒中风干即可。记住千万不可以拿到太阳下曝晒喔！

▌正确的收纳与整理

　　当你知道该如何正确地清洗贴身衣物的步骤后，接下来的内衣收纳手法也是很重要的喔！ Check it out！

★ 一般内衣与一体成型内衣

请以前后堆叠的方式收纳内衣到衣柜，不要由下往上堆叠得太高，以免压坏下层的内衣。

★ NuBra 隐形胸罩

NuBra 收纳盒好像一个恐龙蛋的造型，打开后就可以看到置入 NuBra 的空间。

Step 1

收纳盒里贴心地附有透气孔的塑胶盖，预防 NuBra 在盖上后会有不小心黏在一起、破坏黏性的困扰。

Step 2

不过，虽然有收纳盒保护，但也别忘了要置放于阴凉处喔！

Step 3

★ 无衬蕾丝内衣

先将背钩的部分扣好。

Step 1

再将后背片与肩带一起收到罩杯内。

Step 2

若收纳空间不够，也可将左右罩杯对折后，再将后背片与肩带一起收到罩杯内。

Step 3

★ 无钢圈或运动内衣

在收纳没有钢圈的内衣时，请先将肩带及后背片收好并折进罩杯中。

Step 1

卷起来后体积变小，不论是出国或外出游玩，都可以节省行李空间喔！

Step 2

Part 2

OOPS! 今天，穿什么内衣才好？

**"第一次约会，
来件召唤桃花内衣！"**

　　第一次约会最不希望发生的就是遇上尴尬或走光的场面了！当然除了穿起来要舒服安心的内衣外，款式或颜色也要有可以召唤桃花降临的小魔法喔！

　　我个人对于约会内衣的选购秘诀是，淡色或粉色系的内衣最可以表现初恋的甜美跟期待感，甚至还可以衬托出女生漂亮的肤色。建议小胸的女生可以挑选有抓皱设计的蕾丝款式，搭配性佳的绕颈内衣也是不错的选择！毕竟是第一次约会，太过性感的款式或颜色，可能会让男生容易对你有大胆的遐想喔！

情窦初开的你可选择棉质搭配可爱印花，就算穿棉 T 也都性感可爱！（aimer feel）

抓皱蕾丝设计可以展现初恋的甜美。
（On Street）

**" 一生只有一次，
'初夜'这样穿就对了！"**

"你的初夜穿什么内衣？"

我想很多人都忘了吧！也或许你最近要扔掉的正是初夜穿的那件内衣。所以，我想初夜穿什么样的内衣要完全依照当时的状况作判断……

或许你已经跟这位你精挑细选的男人约过几次会了，你正想着要不要在下次他带你去温泉会馆的时候，吞吞吐吐地告诉他："我，是处女！"那你可能还有时间慢慢地去挑件性感又无辜单纯，以及一生回忆的内衣。

但如果你还没准备好，还在寻找Mr.Right……建议你不妨先穿好功能型内衣，把胸形练漂亮一点，请放心，"出来混总有一天要还的！"但如果是突发状况，再加上灯光美气氛佳，你想开了，他也想通了，那在天时地利人和的状况下，只要不是被强迫的，穿什么内衣似乎也没有那么重要了吧！但基于羞怯的女人们还是想知道野兽般男人们的想法，我也集合了广大网友们的意见，提供大家切磋参考看看。

Part 2 | OOPS! 今天，穿什么内衣才好？

紫色神秘派

Moonkit 说："我想是带一点紫色一点红色，
不用太花，素素的即可。"

玲珑霰说："紫色＋蕾丝。"

欧小吉说："紫色的。"

性感睡衣派

李阿聪说："连身睡衣比较实在。"

面纸噗噗 y 说："连身睡衣里面什么都没穿是基本……"

纯白蕾丝派

努力的信 shin 说："白色一票。"

hcat 说："纯白蕾丝。"

女一舍舍监说："新婚夜，还是白色＋蕾丝最有 feel。"

饭桶丫迪说："嗯嗯，连身白色丝绸薄纱＋小丁。"

亚，乐殆说："笔记中……"

黑色蕾丝系列

nnnnnn 说："深紫色缎面黑色蕾丝边，下面如果整套的是 T-back 不错。"

阿国 ~Alcohol~ 说："黑色性感内衣。"

Star 说："黑色内衣。黑色丝质透明的内裤或是小丁。"

继承火的意志进克说："黑色蕾丝应该也不错。"

朔月说："黑色蕾丝＋1。"

Cosplay派

糖醋鱼说："内衣还 OK，外衣有扣子，像是拆礼物的感觉。"

kylechou 说："水手服搭配小丁很 OK……"

小丁无敌

我很乖，给我糖吃说："粉色小丁。"

kylechou 说："我比较喜欢丁字裤。"

阿肠牌不沾锅说："初夜通常都会害羞，不敢穿性感的内衣吧！"

邱邱莲说："男生会喜欢看女生穿小丁喔？那 C 字裤咧？"

面纸噗噗说："C 字裤应该是一夜情时会很 high 吧……"

青苹果乐园

糖醋鱼说："苹果绿配蕾丝。"

孤舟簑笠翁说："推荐！我真的觉得这件有中……"

千万不要这样做！

FlyingFish 说："千万不要用魔术系列，不然解开之后，发现理想与现实差距太大会很错愕。如果看起来是 D 可是解开之后找不到，不是感觉很差吗？继续下去又觉得对不起自己，停下来又觉得不礼貌。"

其实初夜的内衣款式，只要不是太夸张或是太过火辣，颜色又不是荧光或肉色的，男人们可说是青菜萝卜各有所好，只要好脱不啰嗦！如果小胸美眉怕男友焦点太 focus 在胸部，那请你着重另一个重点就是内裤，小丁对男人来说有相当的杀伤力，调情功力百分百，保证转移他的注意力，因为他满脑子已经想着怎么在下方攻城略地了。《BJ 单身日记》里女主角 Bridget 前一刻一定要去换上小丁是有道理的，所以——阿妈盖肚脐塑身裤，请千万别让你的男人看到，请放在衣柜的最底层并上锁！

PS：内衣以外更重要的事……

过了这一夜，只要是成功的结果，请谢谢这个男人，因为他，你将可以拥抱更多的男人（除非他是你的 one and only）！至于你问我自己的第一次穿什么内衣？不好意思，因为我当时完全着重在如何戴保险套的部分，穿什么样的内衣对当时的我来说，已经是第二夜以后的事了……

66 性感情趣内衣再引他上钩！99

说完第一夜该穿什么内衣，第二夜就应该花点工夫好好来思考一下了！大家都说男人是视觉动物，这点我也是深信不疑，所以不妨就穿上情趣内衣吧！因为当他眼睛吃着冰淇淋，相信你也乐于看到他拜倒在你性感肉体下的眼神。但什么样的内衣能够勾起他的欲望，又不让自己变得过于低俗呢？说真的，男人不见得喜欢太过裸露的衣服，而我也无法说服自己成为太过大胆的情趣内衣爱好者！毕竟对于开

了一大堆洞的俗艳设计，实在是很难打从心底默默接受。而且谁说男人一定要看到大刺刺的挑逗才会闯红灯呢？我反倒认为若隐若现的内衣，才更能激发男人全面启动的欲望！

不过，不管你最终的选择是什么，请善用自己充满渴望，并展露想要被对方照顾的无辜淘气眼神，因为那对广大的男性来说，才最能满足他们隐藏在内心的大男人欲望！

美丽巴黎建筑图样的刺绣蕾丝，搭配巴黎铁塔式肩带与脊心处水晶镶钻，让你的男伴感受到唯美浪漫的法式风情。（Passionata）

柔和藕粉色搭配深咖啡花边蕾丝、简单透明的胸罩衬托迷人的胸部曲线。（梦涟娜）

性感黑色搭配大胆桃红色，魅力指数 100 分！搭配小丁裤，性感破表！（梦涟娜）

大红色弹性蕾丝搭配网状透明布料，大胆热情化身 SM 女王，吊袜裙的性感更有遮掩小腹的效果喔！（梦涟娜）

（aimer feel）

"夜店跑趴，
压倒群'雌'之必胜款！"

　　跑趴（Party）的服装一定要露出你最性感的地方，像是肩膀或是背部线条等，都是女生可以展露性感的神秘地带！即使是同一件衣服，搭配上不一样的肩带，也会有不一样的感觉！除了Bling-Bling的超闪肩带之外，巧妙利用NuBra的技巧，也可以让你不露痕迹地惊艳全场喔！

跑趴必备 1
水钻肩带

黑色的水钻底座搭起来好适合夜店喔！我觉得像这样的单条水钻，每个女生身边随时都要准备一条来搭配！

跑趴必备 2 水晶 NuBra

现在连 NuBra 也加上了 Bling-Bling 的水晶，穿起来真的是超闪的啦！华丽又闪耀的感觉很方便做造型，即使突然想上夜店都很好搭配！

我穿的这件是 D 罩杯的尺寸（本身 E 杯），如果想要效果再好一点其实也可以穿更小一点的尺寸，但如果穿到更辣又更露的服装时，可能就要小心 NuBra 会有突然跑出来见人的意外发生了！

跑趴必备3
爆乳 U 形 NuBra

　　这个杀人爆乳于无形的 U 形 NuBra，当然就是为了满足时下的女生，当你真的遇到得穿很少、很露的场合时，U 形 NuBra 就可以派上用场！而且这款不是以罩杯来区分，目前也只推出两种尺寸：S 跟最小的 XS。据说不少明星的演唱会，里面靠的可就是这小小的两片喔！

　　U 形 NuBra 的主要设计诉求在于更轻、更柔软、更舒适，也更加地隐形，其实就是比一般的 NuBra 来得更小片啦！

跑趴必备4
平口小可爱

　　如果大家担心跳舞流汗会导致 NuBra 脱落的话，建议大家不妨在 NuBra 外，再多穿一件平口式的小可爱，双重保障，包你跳得开心、玩得尽兴啰！

"求职面试初体验！"

明天就要去面试了，心里真是充满了紧张与不安，面试时穿着整齐的衬衫可以让对方有良好的印象，这时内衣的挑选，无痕就是一大重点了！市面上有许多一体成型的内衣杯形，如果怕穿上衣服后会露出内衣的痕迹，就可以挑选罩杯表面没有蕾丝的无痕款式，小胸的女生不妨挑选下厚上薄的杯形，加强胸形的提托，让你的胸部更有型。而为了避免在面试时的紧张与流汗，也可挑选较清薄透气的材质，不过，一般一体成型的无痕内衣款式较不包覆侧边，有副乳的女生还是不要太常穿着。

内衣的颜色最好以淡粉色为佳，肤色搭配紧身、白色的轻薄外衫可以完全不显痕迹，蕾丝性感内衣就先收起来，今天你需要可靠又让你安心的内衣，陪你好好打一场胜仗！

轻松服帖的超薄布料，材质轻柔如第二层肌肤。经典梦露款胸罩，加上特殊无痕设计，适合不同场合的穿着需求。（sloggi）

无痕一体成型的杯形，下厚上薄地托高你无比的信心与勇气。（Passionata）

无痕内衣的优点，就算穿上贴身 T 恤也能不着痕迹。（Aubade）

下厚上薄型记忆枕式材质设计，让你充满自信地面对严肃的面试官！（aimer feel）

借着重视结构的剪裁、微妙的细节设计，完美展现新娘的白色情怀。（Aubade）

无痕的无肩带内衣，再搭配束腰式的设计，完美展现腰部曲线。（Passionata）

" 我要结婚了！让礼服更美丽的秘密！"

许多准新娘婚前忙着不知道要挑选哪一件婚纱的同时，往往忽略了"内在美"的重要，等到要穿上礼服的那一刻，才惊觉内衣的颜色或款式不搭配礼服。在内衣的选择上，建议先将礼服的款式确定后，再依照婚纱礼服的款式、颜色及质料来挑选内衣的款式。

一件好穿的无肩带内衣，也能在此时派上用场，请选择有背胶设计的无肩带内衣，以免礼服的重量会使内衣有滑落的情形发生。另外，透明的肩带也建议不要使用，因为跟宾客近距离接触时，还是会被看得很清楚。加上人多的场合及不断地走动敬酒，可能会在透明肩带上出现难看的

汗水蒸气及掉粉的问题，真的会很狼狈啊！

有些新娘为了让胸部看起来更有料，会穿上比原本尺寸再少一个罩杯的内衣，效果虽好，但也要小心副乳跑到礼服外面，挤出两团赘肉。

除了挤出乳沟的 NuBra 以外，腰身也是衬托华丽礼服的重点，马甲在此时扮演重要的角色，可以在最短时间雕塑身形，让新娘可以充满自信地步上红毯。而新娘用的马甲颜色与蕾丝花色，都应与白纱礼服相衬，不小心露出也不会让眼尖的宾客发现，更可以避免一整天穿 NuBra 提心吊胆的恐怖过程！

" 出国优选！无钢圈内衣带着走！"

　　出国或出远门，内衣永远是最难打包的，因为衣服可以乱折，但内衣的罩杯可经不起折痕！这时无钢圈内衣就是上上之选了，由于内衣里面没有钢圈的设计，整件内衣就像衣服一样，用卷的就可以打包带走。而现在无钢圈内衣在设计上也越来越推陈出新，无钢圈不再是穿上就会自然下垂了，也有业者发明了即使没有钢圈，也可以有集中托高效果的内衣！

　　选择变化性多一点的款式，或是肩带可拆式的内衣，这样只要多带几条肩带就可以搭配好几天的外衣穿搭！变化性大又省行李空间！切忌带太立体的一体成型杯内衣压在行李箱里，很容易造成罩模杯变形，那可能就再也救不回来了！

强调自然感与舒适感第一的无钢圈内衣，以鲜艳色彩吸引所有少女们的心。（une nana cool）

肩带上不对称的山茶花设计，外露内衣时让人为之惊艳！运用时尚压褶布料搭配刺绣蕾丝，也增添时尚流行的搭配性。（18eighteen PINK）

"炎夏无负担！凉感内衣来降温！"

近来台湾的纺织业推出了一些凉感纤维的产品，根据纺织综合研究所检测，凉感纤维在人体活动时穿着，皮肤表面温度比穿着一般聚酯纤维低了约 1.27℃。毕竟对于女生来说，穿着内衣时的闷热感与不舒服，一直是个恼人的问题。所以在内衣接触皮肤的地方，还有胸下等特别容易出汗的地方，内衣厂商也开始会采用凉感纤维来解决大家的烦恼。容易吸汗的棉质和有透气 Q 棉设计的内衣，都是夏天不错的选择！我个人夏天在家里也喜欢穿棉质或无钢圈的内衣，不仅避免身体的负担，同时也是另一种减压降温的好方法呢！

"天天运动，保护咪咪正确穿！"

运动的时候当然不能穿一般有钢圈的内衣，这时候一定要挑选运动型的内衣来穿着，并依照运动的强度来挑选正确的内衣款式。通常运动型内衣并没有罩杯的选择，而是以 M 到 XL 的尺寸提供挑选，所以在选购时除了最好可以试穿，并活动伸展身体以感觉舒适度以外，也要看胸部是否完全被包覆住喔！肩带的部分请选择宽版的设计，这样在运动时才足够承受住胸部晃动的力道！而运动内衣的吸湿排汗和不容易移位的功能，绝不是一般内衣可以取代的！所以想要运动的美眉们请别偷懒，一定要乖乖地换上专业、又可以保护胸部的运动内衣喔！

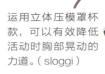

对应瑜伽运动的伸展需求所设计的内衣，可以温柔呵护你的胸部。（华歌尔）

X 形挖背设计的单车内衣，让肩胛骨活动时可以更安定、更流畅自如。（华歌尔）

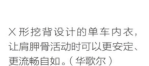

运用立体压模罩杯款，可以有效降低活动时胸部晃动的力道。（sloggi）

下胸围以及腰部的特殊松紧带材质，会随着体温升高而变色！（sloggi）

"居家＆睡觉，内衣穿不穿？"

很多网友都会问我，到底睡觉要不要穿着内衣啊？其实有很多专家曾表示过，睡觉最好不要穿着内衣，以免影响身体的血液循环！而我自己也觉得身体在累了一整天后，睡觉时你若还让它依旧受束缚，那未免也太不人道了点！不过我在 25 岁以前，可天天都穿着内衣睡觉！当时也不是为了漂亮，只是因为跟家人住在一起，为了避免尴尬，在胸部成长期时，睡觉还是都会穿着内衣，顶多感觉很不舒服时，再把背后的扣子解开……

如果你跟我一样属于大胸一族，但又很怕不穿内衣睡觉会造成下垂或外扩的情形，我也建议你不妨穿着棉质无钢圈的内衣睡觉，不但有辅助胸形的效果，又不会造成身体的压力！另外，市面上也有售卖双 C 内旋提托设计的美胸衣，也有养成美胸的效果！

除了美胸衣外，其实还有另外一个选择，那就是 BraTee！现在网上或品牌专柜都陆续推出了这样的产品。虽然看起来跟一般的家居服没有什么两样，但里面却多了两块海绵罩杯，主要就是让你在家可以摆脱内衣的束缚，并且不用担心会有露点的问题！

我想在家不喜欢穿内衣的女生们一定会爱死这件单品，而且现在市面上款式很多，搭配性也够强。但还是老话一句，无论是大胸还是小胸的美眉，建议大家外出时还是得换上正常的内衣。毕竟 BraTee 虽然有罩杯，但却没有钢圈的设计，侧身也没有包覆性的功能，常穿还是会让你的胸部变形喔！

（PAYEASY）

"内衣小心机，多样化的穿搭法！"

现在越来越流行的内衣外穿，让内衣不再只是内衣了，还可以变成可以依场合做变化的心机内衣。

就像这件可爱的条纹内衣，在内衣中间多设计了两个可以变换高低的扣子，让你在上学或参与一些较正式场合时变身成小可爱，但等到晚上开趴玩乐时，它又可以把扣子往下一拉，让你变身成夜店辣妹，让女人的夜晚越夜越美丽！

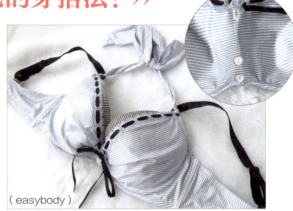

（easybody）

一件内衣三种穿法

Part 3

MAGIC! 实现迷人美胸的魔法

3-1 从 A 变 D 的神奇造沟术

　　如果你的人间胸器是属于先天失调型，那也只好靠后天来改造了！不然你以为路上哪会有那么多"事业有成"的小魔女呢？瞧瞧其他人，大家可都是靠着耍点心机（手段）行走江湖的啊！

■ 心机小物！这些"胸"器一定要 Follow！

心机小物之 **1** 美胸好帮手水饺衬垫

　　水饺垫是女生们耍心机时最好的朋友，但大家真的知道该怎么正确地使用它吗？除了要特别注意水饺垫所设计的功能之外，也请大家一定要注意重量的问题。太重的水饺垫穿起来一定会造成负担跟下坠的感觉喔！

如果想要呈现更好的效果，也可以购买像这样下厚上薄型的水饺垫。

半油半空气设计的衬垫，耍心机的同时也可以很自然没有负担喔！

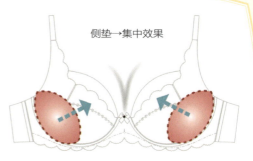
侧垫→集中效果

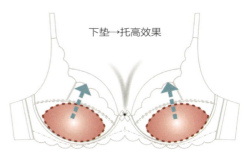
下垫→托高效果

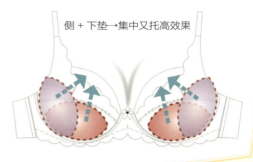
侧＋下垫→集中又托高效果

心机小物之 2 随心所欲充气式水饺垫

不好意思啊，前面的请让一让，爆乳小姐要通过了！你今天想要什么 CUP 呢？不妨随心所欲自己选吧！C、D、E 罩杯随你变换！此话怎说呢？因为有了这个可以充气调整厚度的水饺垫，你绝对可以惊艳全场！只要善用心机，每个女人都可以拥有从 A 到 D 的神奇魔法！

就像说明盒上所标示的，马上从壁女变山女！

充气式水饺垫的使用原则很简单，A 点用来充气，B 点拿来放气。如此而已，是不是很简单呢？

B→泄气调整

A→充气帮浦

左边尚未充气，而右边则是完全饱满的状态。

充完气的厚度大概有 4 厘米左右，整个就是很厚实的感觉！

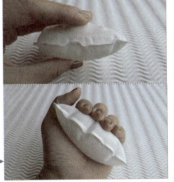

充气水饺垫（左）与一般水饺垫（右）之比较。

鼓～～

实际两边都放入充气式水饺垫后，可以明显看出使用前后的差别！我认为可以调整厚度的水饺垫真的是蛮方便的，虽然外表的材质有点硬，但如果放在罩杯里的假袋中，穿起来并不会有刺刺或是不舒服的感觉。但是请记得在使用时别忘了要照一下镜子，以免太贪心而压挤出两块不规则形状的小肉肉，那看起来就会很吓人了！

Before

↓空隙

After!

满！

心机小物之 **3** 超自然乳沟整型硅胶垫

很多小胸美眉对水饺垫应该不陌生，几乎所有C罩杯以下的内衣，也都会贴心地附赠水饺垫给大家。但除了内衣原有的水饺垫以外，现在也有了升级版的水饺垫。它的质地很柔软，有点像NuBra的硅胶材质（抗敏医疗美容胶），所以即使不小心碰触到胸部，也不会有穿帮的状况发生。

台湾女生的胸形大多属于上胸无肉，所以这样下厚上薄手捧式的水饺垫，真的很适合东方的女性。不但可以很自然地把胸形托高，如果再善加利用把水饺垫侧放些，甚至还会有集中的效果呢！

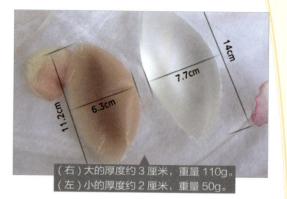

（右）大的厚度约3厘米，重量110g。
（左）小的厚度约2厘米，重量50g。

我只能说这个轰动日本名模界10年、电视媒体争相报道的神奇商品，真的有小兵立大功的作用！只是硅胶垫本身材质的重量不轻，建议大家还是把它放在内衣的假袋里，比较不易滑出。

不过，我曾经拿过大块的硅胶垫给C罩杯的朋友试用，她似乎放不进内衣里，所以要垫大块的水饺垫时，内衣最好不要挑选太浅杯的款式喔！另外，对于夏天最爱穿比基尼的小胸美眉来说，这款可防水的硅胶垫绝对是你最好的选择！

以E罩杯为例，硅胶垫放进去的大小比例即为图示。

想要胸部看起来有波涛"胸"涌的效果，那就下点猛药，使用大的硅胶垫吧！

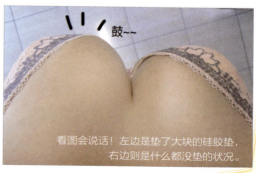

鼓~~

看图会说话！左边是垫了大块的硅胶垫，右边则是什么都没垫的状况。

心机小物之 4 超神奇魔力提胸贴

很多网友会问我：到底拍婚纱该穿哪种款式的内衣？或是怎样才可以让胸部摆脱捆封箱胶带的痛苦？某天在新闻里看到一个不用穿 NuBra 也可以拉提胸部的小物，甚至不露肩带又可以提高胸部，这么神奇的东西我又怎么能错过呢！

经过一边有贴一边没贴的实验证明，BP 点的高度差异就差了有 3 厘米左右。不过，由于提胸贴的目的是提高胸形，并没有集中的效果，所以建议大家不妨搭配 NuBra 一起使用。或者你也可以贴个两层，一层先提高，另一层再向内集中。我想这就跟粘封箱胶带的原理是一样的，只是提胸贴撕下来没那么痛罢了！

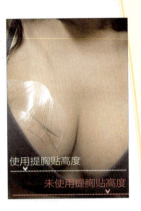

使用提胸贴高度
未使用提胸贴高度

包装拆开后，里面包括了魔术提胸贴以及乳晕纸胸贴。

先把提胸贴两边的 1 撕下，贴在乳晕的上方，再把 2 撕掉向上提拉。

最外面的两圈虚线剪刀的地方，就是让你方便修改提胸贴的大小。

包装里贴心地附上纸胸贴，但因为是纸的材质，贴起来会比较不平顺。

虽然在向上提拉胸部的同时，会看到肉被挤压出层层叠叠的状况，但在使用了一个多小时之后，皮肤并没有发痒或是红肿的情况产生，算是比较温和的胸贴产品，不仅防水黏性强（边边完全不会有不小心剥落的状况），在撕下的时候也不太会痛。只是因为提胸贴是带点亮面的材质，所以请确认衣服是否可以完全盖住提胸贴，以防外露！

还有，请大家一定要边看镜子边贴，以免贴成了高低奶可就惨了。如果要贴上提胸贴去跑趴时，我建议还是配合内衣一起使用，比较有安全感！

※ 使用提胸贴的注意事项：
1. 此产品并非医疗器材，请勿贴在伤口或任何有问题的皮肤上。
2. 平常对医疗胶带、硅胶过敏或敏感性肌肤及哺乳中妇女不建议使用。
3. 此产品正确使用下并不会因汗水或沐浴而脱落，使用超过 6 小时以上若皮肤出现泛红，发痒，灼热，或任何不适，请停止使用。

心机小物之 5 防凸胸贴 vs 激凸胸贴

　　喜欢穿着舒服无衬内衣的你，想必出门时铁定被一个问题深深困扰，那就是不小心会发生乳头激凸的尴尬状况。这时候除了换掉无衬内衣以外，最快的方法就是贴上胸贴遮住 BP 点。市面上一般常见的胸贴可分为纸类与硅胶材质：纸的胸贴虽然购买容易，但缺点就是没有硅胶胸贴来得舒服与自然；而硅胶材质的胸贴不仅舒适，更可以重复使用到没有黏性为止。

一般硅胶胸贴的直径约8 厘米左右。

硅胶胸贴上会有一层像油纸的黏膜保护，这样才能保持原有的黏性！

　　既然有防激凸胸贴，那当然也就有超激凸胸贴！只是这东西在台湾比较少见，毕竟以民风保守的台湾来说，故意以激凸来吸引异性的眼光，那还真的需要点勇气。另外，在国外的高级酒吧里也流行着一种"流苏胸贴"，有着曼妙身材的女侍者，总是性感地贴着它来服务顾客呢！

心机小物之6 超实用流行肩带扣

工字形背心一直是夏天必穿的单品，但是内衣肩带就是一个恼人的问题了！其实一般可拆式肩带的内衣，只要将内衣肩带交叉后扣好，就可以轻松解决这个问题！但别忘了要先将肩带调长一点，以免造成肩颈的负担喔！

以上四种形状，大家可依照你当天穿着内衣肩带的粗细来做选择。

夏天穿工字形背心若没把肩带收好，很可能会晒出两条白色的肩带痕。

可拆式的内衣肩带就是有方便调整的好处。

只是如果没有可拆式肩带的内衣又该怎么办呢？毕竟一件好的内衣也不算太便宜，这时便宜又好用的肩带扣就会是一个不错的选择。肩带扣就是各位看官看到的这个奇妙的小玩意儿，它不只很神奇，也很便宜。市面上所销售的肩带扣，一包通常会有四种形状，各三个颜色（也有透明的），每个大小在 5cmX3cm 左右。价格也就几块钱。

当你在使用肩带扣的时候，请注意将肩带调整到比平常的长度再多出一点，以免拉得太紧而造成肩膀的不舒服！还有如果你是一个人住的单身贵族，老实

说穿这东西还真的需要花点时间，你可以找件可拆式肩带的内衣，先把肩带扣装好再穿上！不然你最好要像神奇四侠里的橡皮人一样，有个可以伸长到后背的手，才可以完成这看似简单但实际却令人冒汗的任务。当然，如果有男朋友来帮忙，那就最好不过了！

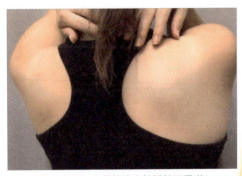

是不是很厉害啊？肩带就这么轻松地不见啦！

心机小物之 **7** 不给看防走光贴

夏天的时候，很多姐妹们都喜欢穿得少少地展露身材！但为了个人的安全，事前也别忘了要做好防护措施才行。像是深 V 款的服装真的很性感，对于喜爱展露"事业线"的女生们，更是一大利器！只是露多露少的尺度却比较不好拿捏，有时稍微低个头，半个胸部就跑出来和大家打招呼了。

网络上有许多便民的小发明，像在穿着深 V 服装时的防走光贴就是不错的选择！如果你想要挑战女明星们的穿着，不妨稍微来利用一下这个体形很小，效果却很大的秘密武器！

虽然双面胶是个很好取得的产品，很久以前我也都会使用双面胶来防止走光，只是双面胶一粘到衣服上之后，有时会很难清除干净，不过防走光贴就不会有这样的问题，既可保护衣物又不伤皮肤。还有内衣肩带容易滑落的同学，不妨利用防走光胸贴来固定肩带的位置。

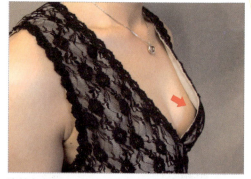

胸前有空洞时，不妨利用防走光贴来保护自己！

简单的一个小动作，就可以让你安心出门啦！

防走光贴其实有点像是双面胶，不过黏度比双面胶要来得好。

只要事先裁剪好自己所需的大小就可以立即使用。

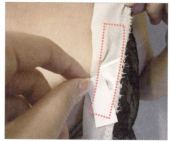

撕掉一面固定好位置后，再将另一面的胶条撕掉。

▌W 钢圈正当道！正妹都这样穿！

谈到 W 钢圈的风潮，我记得应该是由日本的名模藤井 Lena 所吹起的。何谓 W 钢圈呢？顾名思义就是将整个内衣下缘的钢圈，以 W 形的形状呈现，并利用 3/4 的杯形、两侧较高的钢圈以及低脊心的设计，让胸形自然集中向上！

在选购 W 钢圈内衣的尺寸时，日系大多是垫了很厚的水饺垫，或是以下厚上薄的杯形来呈现，因此在罩杯选择上都会大上一个尺寸。如果是下胸围很瘦的女生，建议你也可以选择 65 的尺寸规格，穿起来会更贴身、杯形也更适合。至于欧美的 W 钢圈尺寸，原则上跟一般内衣的规格都是一样的，但效果也不会输给日系品牌。

W 钢圈内衣虽然强调爆乳提升的效果，但我认为此款设计还是比较适合胸部比较有肉的女生来穿，若你属于小胸或是上胸无肉的美眉，可能就比较无法发挥 W 钢圈的威力！而你若是 C 罩杯以上的女生，W 钢圈的确可以为你创造既集中又深厚的"事业线"喔！

日系的 W 形钢圈特色在于：罩杯的蕾丝设计较为花哨，视觉上也可以呈现胸部变大的效果。

在罩杯内的设计上，日系大多还是会加上很厚的水饺垫，并附上假袋提供给有需求的女生，可以自行再加上不同厚度的水饺垫。

欧美 W 钢圈的款式并没有太花哨的蕾丝设计，除了维持简约的素面风格，大部分也都是无痕的款式，只要搭配深 V 开领的服装即可！

欧美的罩杯设计通常采用一片均厚的杯形，让你连放水饺垫的机会都没有，果然很符合老外追求自然，却不强调乳沟的调调。

多功能内衣，夏日穿搭好帮手！

夏天一到，所有的平口洋装及斜肩上衣通通出炉！说真的，每次都得为了搭配服装而翻遍内衣柜，即使好不容易找到一件可以搭配的内衣，却又卡在肩带颜色或是粗细的问题！就算不去在意肩带外露或是款式不协调，可是狠毒的太阳，总是可以在擦了高系数防晒乳的皮肤上，无情地留下硬生生的肩带痕迹！虽然可以利用肩带扣和 NuBra 来施展神奇的魔法，但我觉得这时候最佳的选择，反而是一件支撑性佳且不容易脱落的无肩带内衣。

选择一件无肩带内衣，就跟选择方便穿戴、黏性强的 NuBra 一样重要！以前我也曾经历过无肩带内衣一整个掉落到肚子上的超级窘境，让我有好一阵子不敢再碰无肩带内衣！但现在厂商的研发技术真的很厉害，平常可以当作一般内衣来穿着，但当你要穿到露出美背服装时，又可以机动性很强地将背后的肩带拆下，甚至还可以摇身一变成为绕颈式肩带的内衣。缎带式的绑带肩带设计，即使改成绕颈方式也不会觉得突兀！而且在后背片的地方，也贴心地设计成止滑硅胶材质，只要稍微将后背片向下拉一点，它的背胶止滑设计就会固定住，让你可以很漂亮地露出你的背部，也不用担心胸部支撑性的问题！加上无痕罩杯的贴心设计，简直就是符合所有女性的需求，兼具实用功能又省荷包！

缎带式的肩带设计，流行又时尚。

背胶

上下两层背胶设计，支撑性佳且不易脱落。

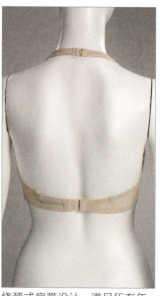

绕颈式肩带设计，满足所有年轻女孩的心。

搭配露背式上衣，完美秀出背部曲线。

★ NuBra 之外的另一选择！

另外，像是这件拥有波浪形止滑硅胶设计的内衣，也让我惊讶且感到佩服不已！光是看到止滑硅胶从整个后背片一直延伸到下胸围的设计，就让人感受到设计者对于女性商品的用心。以我这个大胸的女生来做试验，不仅钢圈有很好的支撑性，穿上后任凭我怎么跑跳都不太会移位，也是让我感到最惊喜的地方！而且虽然是无肩带款式，但仍贴心地附上肩带搭配，即使单价稍微高了点，但一衣两穿的实用性，真的让人难以抵抗它的魅力！

我觉得每个女人的衣柜里，真的得准备几件好穿又兼具实用性的无肩带款内衣。为了搭配季节或是场合所要露出的美背线条，其实在隐形胸罩 NuBra 之外，你也可以有其他不同的选择！像这样肩带可拆式的内衣，我觉得更是所有年轻辣妹们的必备圣品！

可拆式肩带设计，一衣两穿。

一体成型无痕罩杯，搭配性佳。

止滑硅胶设计，跑跳也不会移位。

★ 夏季必备！连坦克背心也投降！

当然除了以上两款心机内衣想推荐给大家外，最近还有一款深得我心的款式，我也真的很想让大家知道！毕竟夏天可是女生们耍心机的重要季节，热爱穿背心的朋友，当然也要有更多的选择来搭配！像是这款内衣的背扣设计，让你不用拆下肩带交叉也可以打败所有的坦克背心！就是一个这么简单的设计，就可以让你轻松地对抗艳阳与夏季的到来！

穿上坦克背心，总是担心肩带外露的困扰吗？

只要一个简单的背扣设计，就可以解决！

3-2 史上最强 NuBra 超激造沟讲座

NuBra 对女生来说，真的是本世纪最重要的一项发明了，小小的两片竟然可以撑起胸部而不会掉下来，这真的是太神奇了！只是不少女生对那两片也应该是又爱又恨吧？爱它的方便，但也担心穿着它会不小心脱落，那可就尴尬了……

▌使用 NuBra 前的小常识

NuBra 是以硅胶材质加上医学美容用胶所制造而成，附着力强，一般可以重复穿戴约 80 次。因为 NuBra 属于消耗性商品，随着穿着次数增加，黏性会逐次递减，即使罩杯边缘有轻微脱胶状况，也属正常消耗现象。以台湾潮湿的天气来说，大约可以保存两年，胶的黏性会慢慢消失。

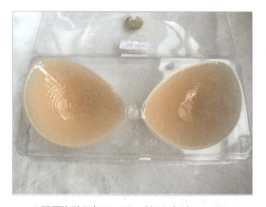

只要抓好穿 NuBra 的三字诀：一干、二贴、三扣，其实穿 NuBra 一点也不难喔！

NuBra 每次穿着时间建议以 6~8 小时为限，若发现皮肤红肿或不适的状况，请立即停止使用。若有异位性皮肤炎体质，或皮肤有受伤、感染、晒伤等状况，也请不要使用 NuBra 喔！

干 在穿戴 NuBra 前，身体一定要保持干净，建议大家在穿之前也可以先洗澡，或是用湿纸巾将胸部擦拭干净。若因场合需求必须上粉或涂抹香水时，请先穿妥 NuBra 之后再轻轻上粉，一定要避免让粉状物质直接沾附到粘胶。也许有些女生会说："如果我是睡觉起床后，直接穿戴应该就没问题了吧？"虽然身体看似很干净，理应该可以直接穿上 NuBra，但其实经过一晚的睡眠，身体也会分泌出油脂，所以最好的方法还是清洗擦干胸部后，再穿戴比较适合。

若怕有皮肤过敏现象者，建议你也可以去药房买酒精棉片，涂擦胸部约 3~5 秒后再穿上 NuBra，这样也可以使胶与皮肤隔离，避免过敏、发痒等情形发生。

贴

请先将罩杯翻面，若是穿戴有钢圈系列的 NuBra，则请勿将罩杯往外翻。

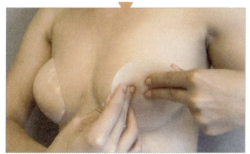

先将身体略向前倾，并将 NuBra 以 45 度角由下缘开始往上贴合，贴紧后再做向上提拉的动作。

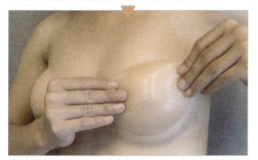

胸前以刚好遮到 BP 点为标准即可，在贴上 NuBra 后，请轻压数秒，让 NuBra 完整地附着于胸部上。

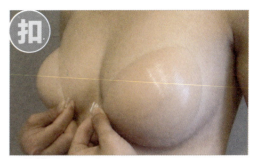

扣

记得边看镜子，边调整至两边 NuBra 形状无误，对称粘好后再扣上前扣，并确认是否有扣紧喔！

如果不想要有太夸张的乳沟，只是想要集中胸形时，贴的角度就不用那么垂直，可以平缓一点。

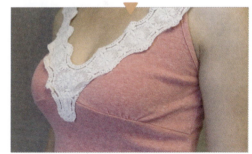

完成！这就是贴上 NuBra 后的效果啦！是不是也很自然呢？

穿戴 NuBra 的小叮咛

　　在正确穿戴好后，请用手轻压罩杯数秒，确定乳房完整粘贴在 NuBra 里，没有多余的空气在里面，并紧压两边罩杯，使罩杯完全粘贴服帖。在调整的过程中，NuBra 可稍微翻开来调整到正确的位置，胸下请留约 1cm 的空间。

▌NuBra 心法无私大公开

　　接下来，也提供一些不同角度，以及不同罩杯大小的贴法，大家不妨有空也可以先在家里练习看看，免得临时要出门才抱佛脚，搞得自己手忙脚乱又直冒汗！

一、45度垂直贴法 >>>

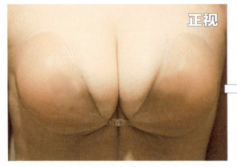
正视

侧视

这次用比较垂直的角度来使用 NuBra，效果比一般的贴法，更能强调乳沟及胸部的坚挺度！

跟一般贴法比较之下，大家是否也感受到明显的差异了呢？

二、90度垂直终极贴法 >>>

　　很多女生在使用 NuBra 时，常常都会发生粘起来很集中，但却有下垂的困扰。这时不妨来试试超垂直 90 度的终极贴法吧！效果就像是有两只手把你的胸部往中间推挤一样，整个挺度也都完全展现出来啦！

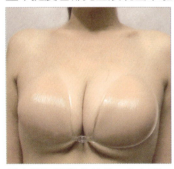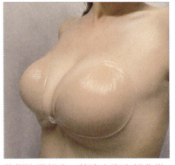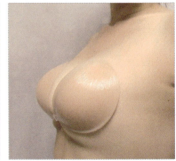

重点就是把整个 NuBra 向上移，让下方的空隙留得更多，你也可以用自己的胸形去调整高度。

从侧边看起来，就连上胸也都非常地浑圆饱满，所以这种贴法很适合上胸无肉的女生喔！

胸部的集中度与坚挺度也很完美，即使外出也不会因太过于晃动而有不安全感！

【同场加映】自我打造深 V "事业线"

　　内衣里再多贴一层 NuBra 是制造深沟 "事业线" 效果最自然的方式，用小一点的 NuBra 去粘贴，效果也会更好，接着再依胸形穿戴下厚上薄型的内衣，罩杯可比原本内衣再大一号，尽量包覆住 NuBra 以免露出或掉落。

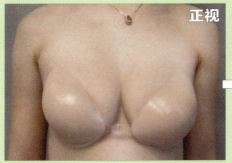

正视

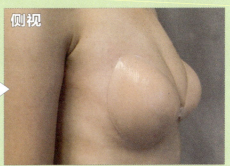

侧视

即使是大 B 小 C 的朋友来使用 A 罩杯的 NuBra，也可以达到明显的效果喔！

以一般的 45 度角来粘贴时，虽然可以自然呈现出完美的乳沟，但胸形似乎没有那么坚挺。

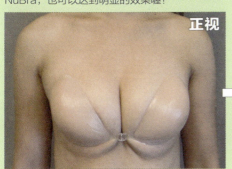

正视

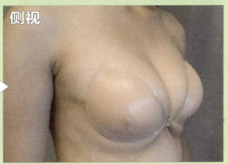

侧视

在超垂直 90 度终极贴法的打造下，不仅乳沟深、胸形又挺，女人梦寐以求的完美胸形立即实现！

如果你的胸形是属于底面积大且上胸较无肉者，不妨再将 NuBra 向上贴，打造出上胸有肉的感觉。

若担心 NuBra 会有不小心掉落的情形时，不妨可再穿上一件内衣会比较有安全感！

大 B 小 C 的女生，从今以后也可以有 D 罩杯的视觉效果啦！

三、特殊胸形的贴法 >>>

也许有人会问，自己的胸形无论穿什么样的内衣都不容易有沟，贴上 NuBra 后又要怎么造沟呢？关于这样的情形，有时是外扩或是本身属于宽肩膀的原因。于是我也找来一位虽然有 E 罩杯，但却不容易造沟的同学来试试看。

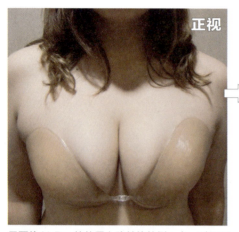

正视

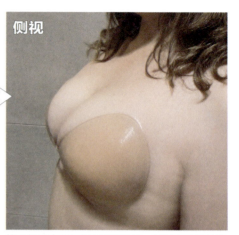

侧视

只要将 NuBra 的位置上移并偏外侧一点，对于不易造沟的宽肩胸形，也可以贴出刷卡槽般的乳沟！

使用超垂直 90 度的终极贴法，侧面也可以达到不错的挺度，谁还敢再说你没有"事业线"？

四、用更小的NuBra贴出更好的效果 >>>

如果身边刚好没有适合自己的 NuBra 尺寸，或是你是身材超好、拥有 E 罩杯以上胸围，市面上根本没有 NuBra 尺寸可以挑选的话，那能否干脆就用小罩杯的 NuBra 来代替呢？本着冒险犯难的精神，就由我来亲自挑战差了四个尺寸的 B 罩杯 NuBra 吧！

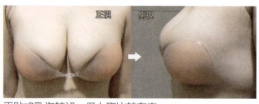

平贴式乳沟较浅，但上胸比较有肉。

垂直式乳沟较深，侧边也比较挺。

没想到居然被我挑战成功了！不仅完全服帖，侧面还很坚挺呢！但还是要建议大家选择自己尺寸的 NuBra 来穿，毕竟即使造沟效果十足，但除了不够包覆胸形外，黏度跟中间扣环的强度还是会让人蛮没有安全感的！如果真的要以小尺寸的 NuBra 来应急，不妨外面再多搭配一件紧身平口小可爱固定，胸形也会比较稳定。

【同场加映】利用提胸贴收拾小肉肉！

　　使用 NuBra 时最大的困扰，就是下胸处常会挤出多余的小肉肉，只要穿上非常贴身的衣服，就有可能会有胸下挤肉的尴尬状况。

　　另外，若担心 NuBra 贴得太上方，又不能将内衣穿在最外面时，或是下胸的肉会因为衣服太贴身而被看出来的话，建议大家可以利用提胸贴把胸下的小肉肉收起来。只要把提胸贴倒过来使用，在胸下偏后上方的地方开始向中间粘拉即可。

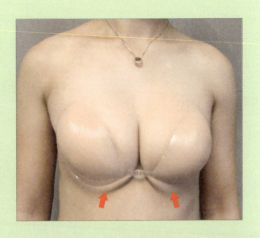

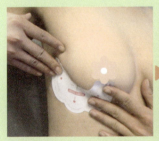

在使用 NuBra 前，不妨先贴上提胸贴。

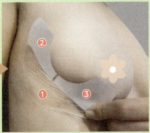

以①②③的顺序，边粘边撕地绕过胸下。

如果一条不够，可依情况再多粘一条加强。

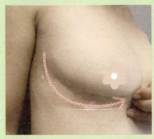

提胸贴的胶带很薄又很有黏性，请小心不要挤出多余的小肉肉。

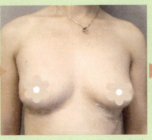

搭配提胸贴的好处，就是胸部也有向上提拉的作用。

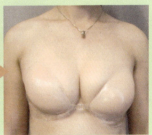

粘好后再贴上 NuBra，胸下的肉就会被收拾得很干净了。

五、钢圈布面 NuBra >>>

　　很多小胸的女生会利用 NuBra 让自己看起来更丰满，但其实一对硅胶 NuBra 的重量可也不轻，所以对于大胸的女生来说，在选择 NuBra 时，不妨挑选布面的材质，或是有钢圈的 NuBra 来穿着会更有支撑力喔！

有钢圈的布面隐形胸罩 NuBra 比硅胶的 NuBra 还要大，但重量却只有 50g，方便好携带。

一体成型的技术把钢圈包在里面，也让 NuBra 多了支撑力。不同于硅胶 NuBra 的穿法，有钢圈的 NuBra 在穿戴时不用翻转，直接贴上去即可。

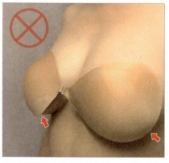

请注意有钢圈的 NuBra 或布面 NuBra 都要以较垂直的角度去贴，若以一般 45 度角的方式来贴的话，容易造成 NuBra 边缘无法紧密贴合身体喔！

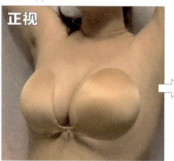

虽然不像硅胶款有丰胸效果，但却提供给大胸女生更舒服且无负担的选择。

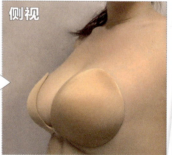

穿戴起来的感觉很轻松自在，只要穿着正确，胸部的挺度也可以达到很棒的效果！

六、迷你 NuBra >>>

　　介绍完这么多 NuBra 的使用方法以及类型之后，若遇到衣服布料更少的时候，即使利用垂直式的贴法，也有可能会造成 NuBra 跑出来见人的风险！这时，你需要的就是这款杀人爆乳于无形的"U 形 NuBra"了！

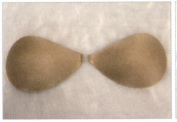
打着更轻、更柔软舒适、更加隐形的诉求，比一般的 NuBra 还要更小！

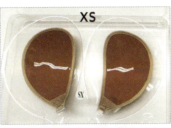
U 形 NuBra 并不是以罩杯来区分，它总共也只有 XS 和 S 两种尺寸。

听说很多歌手的演唱会，都是靠这小小的两片来帮忙的。

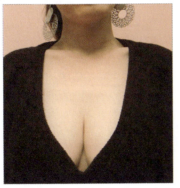
就算是如此深 V 到底的衣服，也完全看不到 NuBra 走光的画面！

如果担心流汗导致 NuBra 脱落的话，不妨再多穿一件一片式的小可爱。

【同场加映】外出时的贴心小提示

　　很多人在夏天穿上 NuBra 后，常会因流汗导致 NuBra 迅速脱落，或是新娘在拍婚纱照时也常发生这样的困扰。记住！当 NuBra 不粘的时候，不妨赶快脱下来翻面甩干（有钢圈的 NuBra 可不能翻），或者拿到车上用冷气吹一吹让它快速风干。而当你要再度穿上它之前，也别忘了要将身体先擦干喔！

3-3 视觉系爆乳！跟着女明星这样穿就对了！

为什么电视里的女明星各个身材傲人，明明只有 B 罩杯却可以穿出 G 奶的效果？到底她们的胸部为什么可以一夜长大呢！壁女又该如何摇身一变成为山女呢？

▋女星爆乳大揭秘

依据每个人胸形的不同，NuBra 的贴法也会有所不同，所以呈现出来的乳沟深度跟挺度效果自然也会有所差异。到底该如何利用 NuBra 来塑造出更傲人的上围呢？

Before   After!

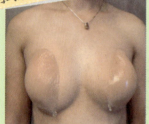

首先以垂直贴法粘上较大罩杯的 NuBra。

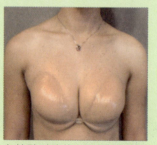

在粘贴时请将 NuBra 偏于上胸部分。

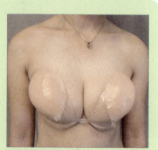

在胸上方再贴上另一组小罩杯的 NuBra。（依胸形也可反贴）

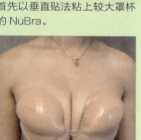

第二组 NuBra 的位置可偏外侧一点，这样扣起来才不会离"事业线"太近。

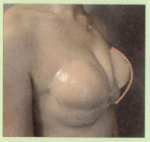

为了做出像图中虚线所制造的大胸假象，重复贴两层 NuBra 是绝对有必要的。

粘贴完成后，请找一件比较大罩杯的内衣包覆住 NuBra 防止松脱，也可让胸形更浑圆。

★ 上胸无肉的克星

其实除了广为大家所知的 NuBra 外，最近深受许多女明星推崇的 WingBra（羽透胸翼），也是现代女生们必备的秘密武器喔！

Before　After!

爆乳揭秘之**2**

别小看这片薄薄的硅胶贴，它不但可以达到胸部上提的效果，也可让皮肤免受封箱胶带捆绑的皮肉之苦。

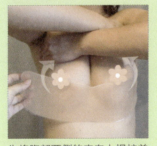

先将胸部两侧的肉向上提拉并向内集中，再将 WingBra 贴在胸部下方 1/3 处（约是 BP 点的位置）。

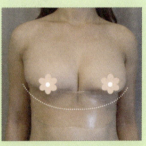

WingBra 属于好粘又好撕的材质，贴好后请将双手置于 WingBra 上轻压 1~3 分钟，用体温让 WingBra 更服帖在皮肤上。

如果你是属于身形娇小、下胸围低于 65cm 的美眉，不妨将 WingBra 倒过来贴，呈现出来的效果也是一样的惊人喔！

将胸部上挤后，下胸可能会呈现空掉没肉的状况，所以请视自己胸形再加入下厚上薄的胸垫或水饺垫。

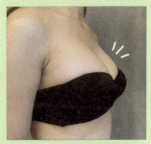

贴好的 WingBra 不但可以帮助胸形向上托高集中，更可以创造出上胸丰满的感觉，让人忍不住拍手叫好！

影片教学网址：http://www.wingbra.com/using.php

★ 上胸托高再升级

如果照上面的穿法，上胸还是觉得有点贫瘠，或是还想要有更夸张的效果时，接下来所传授的升级版贴法，请千万不要错过！由 WingBra 搭配 NuBra 的进阶级贴法，不但可以让你的罩杯立刻升级，上胸也可以变得更浑圆饱满！因为 NuBra 跟 WingBra 都是硅胶材质，所以不用担心会有不易粘贴的问题。

爆乳揭秘之 **3**

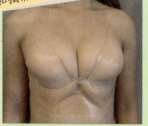

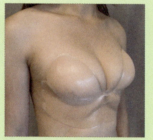

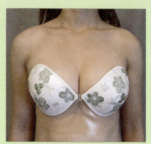

先将 WingBra 贴好后，再使用较小罩杯的硅胶 NuBra，从上胸处贴在 WingBra 的外面。若想要打造更明显的事业线，也可以将 NuBra 从更外侧往内粘。

看到了吗？这就是所有女生们称羡的梦幻胸形啊！除了上胸变得更丰满了，胸部又加上了硅胶 NuBra 的厚度，罩杯也跟着升级了！

如果是要穿露背的衣服时，建议你可以使用下厚上薄的布面 NuBra 来修饰，让胸部呈现出更漂亮的杯形，但请选择能包覆整个胸形的 NuBra 尺寸。

Bosslady 碎碎念

除非是拍摄婚纱照或是参加一些特殊的场合，不然我并不是很鼓励大家都利用 NuBra 来达到丰胸的效果，毕竟除了重量是一个负担外，对于皮肤的透气度来说也不是很好！但如果真的无法避免的话，穿戴时间也请尽量缩短，还是让胸部有喘息的机会才好！其实除了 NuBra 之外，我认为马甲也是一个可以让胸部瞬间升级的好胸器！不仅搭配性强，还立即可以达到"腰束"又"奶澎"的效果喔！

▌心机比基尼 × "三角饭团"之应用

去海边就是要开心地玩水，如果只是单纯地想要坐在沙滩上晒晒太阳，或是期待来场艳遇的话，比基尼专用的NuBra绝对是你最好的选择！

上厚

下薄

只是比基尼要怎么搭配NuBra呢？想要穿上比基尼创造浑圆胸形的效果，那你千万不能不认识这个海滩妹的秘密武器，也就是比基尼专用的NuBra！相信很多辣妹对这东西应该都不陌生，而我简称它为"三角饭团"。

请注意！三角饭团的穿法比较特别，是采用上厚下薄的粘贴方式，因为这样才能创造出上胸丰满的感觉嘛！三角饭团的作用，主要就是弥补女生上胸无肉的状况。毕竟穿上比基尼后，胸部铁定会自然下垂，此时上胸就会显得更平坦无肉。但如果不想把NuBra粘在身上，我觉得塞在比基尼里也不失为一个好方法，这样身体不但不用承担"三角饭团"的重量，更不用担心流汗会掉下来，或是沾到沙子的困扰了！

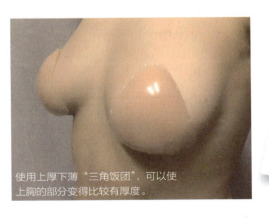

使用上厚下薄"三角饭团"，可以使上胸的部分变得比较有厚度。

"三角饭团"虽然没有集中的效果，但穿上它还是可以呈现出比较丰满的效果。只是因为那两粒饭团也是有重量的，因此也会造成胸部向下位移的感觉，所以还是比较适合小胸的美眉来穿戴。

★不穿 NuBra 也可以很爆乳！

我还记得比基尼刚开始在台湾流行的时候，大多是以三点式的设计为主，这对有料的女生来说，当然毫无困扰可言，但小胸的女生又该怎么办呢？于是也就有了心机比基尼的诞生，这可真是小胸美眉的一大福音啊！

小胸美眉在挑选比基尼时，不妨多留意一下心机款的设计，或挑选布料较少的三角形比基尼款式，只要让胸部自然多露出来一点，看起来就会比较有料！而大胸的美眉不妨可挑选包覆性强一点的款式，市面上一般的 XL 尺寸，大多都可以将胸部完整地包覆住喔！

有荷叶边款式的比基尼较为自然，也可以稍微修饰胸形，制造上胸有肉的丰满感觉。

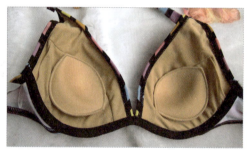

有钢圈的比基尼就不需要 NuBra 来帮忙！但如果你想制造波涛汹涌的效果，不妨再加个水饺垫来助阵！

心机比基尼的设计真的很有心机！你瞧瞧，比基尼里面加的可是下厚上薄的水饺垫呢！

下厚上薄的水饺垫有多种款式可供选择，让上胸较没肉的美眉也可以抬头挺胸漫步于沙滩上！

有亮点酷炫风的比基尼，除了到海边玩水可以穿以外，甚至也可以拿来搭配外出的服装，挺适合喜欢上夜店狂欢的女生喔！

只要在外面搭一件比较薄的衣服，若隐若现的比基尼不但引人遐思，更可以让你成为全场瞩目的焦点，吸睛指数一百分！

▋NuBra 之常见 Q&A

Q : NuBra 应该怎么穿才不会掉下来呢?

很多女生对于 NuBra 都很有距离感，因为只要稍微流点汗，两边的 NuBra 就很有可能应声倒下! 但这也是没有办法的事，毕竟身体毛细孔只要一出汗，NuBra 就没办法维持真空的状态去保持它的黏性。其实 NuBra 的原理就好像是吸盘式的吊挂收纳架一样，只要把瓷砖擦干它就会粘得牢牢的，怎么喷水都不会掉，所以只要在不流汗的状态下，即使穿着 NuBra 冲水也不会掉的! 但如果真的遇到非穿不可，但又实在有流汗脱落的危机时，建议你不妨找件无肩带的内衣，或是穿上一片式的小可爱来搭配使用。

Q : 大小胸应该如何挑选 NuBra ?

我本身也有左大右小的困扰，大小胸在挑选 NuBra 时，其实就跟买内衣一样，也是以比较大那边的尺寸为准，在这里也跟大家分享一下我使用 NuBra 的心得。在粘贴胸部较小的那一边时，不妨将 NuBra 再向外侧多包覆一点后再贴，这样就可以达到平衡两边的视觉效果啰! 当然，在穿上衣服后也别忘了要照照镜子，确认一下自己的"事业线"有没有向中看齐喔!

Q : 大胸美眉也可以使用 NuBra 吗?

在钢圈的尺寸方面，比较适合大胸的布面 NuBra 有出到 D 罩杯的尺寸，面积也够大，其实很适合大胸的美眉来使用。在贴的时候请以较偏胸上的位置来垂直粘贴，才不会因为本身胸部太大而导致贴上 NuBra 后显得下垂。若贴完 NuBra 还是感觉会有晃动的话，不妨再加上一件较紧身的一片式小可爱来加强稳定性。

`Bosslady` 碎碎念

姐妹们啊，没事一定要多练练自己的胸大肌! 尤其常需要使用到 NuBra 的美眉们，毕竟硅胶材质的 NuBra 重量并不轻，平常可是要好好来锻炼一下! 我就曾经亲眼看过爱冲浪的朋友，在穿上比基尼后，因为少了内衣钢圈来支撑，胸部居然立刻变成了可怕的八字奶，那可就为时已晚啰!

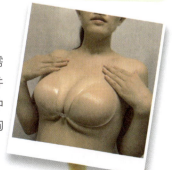

B 罩杯妈妈养成 E 罩杯女儿

以前常常会有人问我，你妈妈都给你吃什么啊？为什么你的胸部可以发育得这么好？起初都觉得大家在开我玩笑，后来才发现她们是真的很认真地在请教我丰胸的秘诀！

这也让我仔细地回想了我的发育时期，究竟妈妈施了什么魔法，但左想右想，脑海中却只出现一个恐怖但也许可以丰胸的回忆。那就是当我踮着脚尖，望着餐桌上那杯像山一样高耸的 500ml 牛奶时（毕竟当时还只是个小孩），妈妈却又将一颗生的鸡蛋打入杯中，眼巴巴地看着蛋黄从最顶端一直沉到了杯底，途中还不时溅出纷飞的蛋花，那种要熟不熟的口感，真的是恶心至极。每天早餐除了生鸡蛋加牛奶外，生鸡蛋加豆浆也属另一种变化（换汤不换药），而最经典的还有生鸡蛋加稀饭……那真是一段惨痛的回忆！

这份营养又丰富的生鸡蛋早餐，我大概吃了有两年之久，虽然我不是美食营养专家，但听说台湾第一名模林志玲，也曾靠吃鸡蛋来让罩杯升级！所以，这个方法也许真的是让我的胸部 UPUP 的小秘诀喔！不过，我觉得想要丰胸最好的方法还是靠"运动"，但请记得要坚持下去（切勿三分钟热度），相信时间一定会给你最好的答案。

我个人觉得比起胸部的尺寸，胸肌的锻炼以及皮肤的保养更重要！有些女生虽然丰满，但胸形却严重走位，甚至有些女生的肌肤状况百出，那又怎么让人想要继续注视她的乳沟呢？所以，关于胸部的运动，各位姐妹们请把握几项要点：

① 越早做越好！这里指的可不是要你早起做体操，而是请在胸部刚开始发育时，就养成做运动、勤保养的好习惯！

② 请把握经期后第 11 到第 13 天的黄金美胸期，效果更加倍！

③ 请不要长时间穿着太紧身的内衣，以免局限胸部的发展，并减低胸部原有的弹性。晚上睡觉时，不妨让你的胸部也一起好好休息吧！

④ 减肥时更要保养胸部！毕竟减重不易，但若把胸部也减掉，那可就得不偿失了！

⑤ 请持之以恒！保养胸部就像女人永远的战争——减肥一样，最好常常做、持续做，请把美胸运动与肌肤保养当成是你睡前的点心吧！

▌懒人美胸按摩手技

美胸按摩可在洗澡时利用沐浴乳，也可以洗完澡后搭配美胸霜使用，效果更好！我自己爱用的美胸霜是药妆店都很容易买到的帕玛氏美胸紧致霜，它的成分有可可脂、维生素E、乳木果油、胶原蛋白与弹力蛋白，可以紧致肌肤，味道很好，按摩起来很好推，擦完还不会有油油的感觉，很容易吸收。重点是平价，对于每天都要擦美胸霜的我来说比较不会心痛。如果在减肥的期间我还会搭配他们家的除纹按摩乳，避免胸部产生减肥纹。我的习惯是洗完澡擦干身体后马上以这个按摩方式擦上美胸霜，吸收效果会更好喔！

1 双手在挤上美胸霜互相搓揉均匀后，请先将单手由胸部内侧向下开始按摩乳房。

2 顺着乳房往下，以包覆乳房的方式开始画圈按摩。

3 在向上提拉时，也请注意要由外往内拨的力道喔！

4 以手掌包覆的方式，开始向上按摩到胸大肌的位置。

5 将手掌延伸到颈部，并重复整个按摩动作直到美胸霜吸收为止。

6 最后双手轻轻地向上与向内拍打乳房下方，有助于刺激及提拉胸部！

简易美胸按摩初级版

想要提拉胸部，那就千万不能忽略了胸大肌，它可是支撑胸形最主要的肌肉喔！老实说，因为我本身是个大懒人，记性又不好，所以跟大家分享一些自己平时最常做的最简单的美胸运动，希望大家可以持之以恒地锻炼你的胸大肌！

在每次锻炼的时候，也请大家一定要把注意力放在你的胸大肌上喔！在运动出力时，请想象胸大肌正在被你拉紧，千万别只是按照动作做做 Pose，这样不管再怎么练也是不会有效果的喔！如果可以，在办公室上班时（学生就请利用下课时间），想到就来做一下，正所谓有做有保庇嘛！

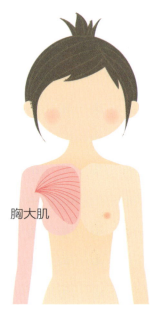

胸大肌

双手抱胸外推式

请先将双手抱胸并轻握住上臂，然后再出力往外推。在往外推的同时，拉紧你的胸大肌，就像刻意缩小腹一样，要用点力气拉紧你的胸部。

仙女运功式

手肘微弯，手腕一上一下抵住互推施力，维持 10 秒以后再放松，休息一下再重复几次，做到你感觉上臂跟胸大肌有微酸感，那就表示确实有运动到啰！

拜拜式

相信这个动作大家都知道吧？这也是小 S 天天都有做的美胸动作喔！手呈拜拜姿势，施力往内推，同时也别忘了要把自己的胸大肌缩紧喔！

居家运动进阶版

放假有时间在家做运动的话，不妨利用进阶版的锻炼工具来帮助自己。

减肥圈美胸帮手 >>>

我觉得这个减肥圈很好用，因为它的圆形弹性设计，利于锻炼身体的很多部位，大家不妨多多利用它。

①双手轻握减肥圈，并将手肘与胸部保持平行。
②当双手用力将减肥圈向内推的同时请大口吐气，当握把推到最中间的时候，请稍作停留，感受一下胸大肌的紧实感后，双手再轻轻回到原位。如此重复个几回，保证你的胸大肌立刻有被激励的感觉！

<<< 矿泉水瓶重量训练

在家没有哑铃时该怎么办呢？建议你不妨使用大罐的矿泉水瓶（约 1000 毫升）来代替，不仅可以锻炼胸大肌，还可以雕塑手臂的线条喔！

①双腿张开与肩同宽，身体蹲低成马步姿势，并将手肘与胸部保持平行状态。
②双手用力将瓶子向头部上方出力伸展，感受胸大肌紧绷的状态。
③一边吐气一边将双手用力向后伸展到超过头部的位置，再向下回到步骤①的位置。千万别小看这个像捣药的动作，如此上下连续运动约15下，有助于胸大肌的锻炼喔！

地板运动升级版

　　如果真的没时间做以上的美胸训练，睡前平躺的时候还有最后一次的机会，不妨以手臂的伸展运动来锻炼一下你的胸大肌。

①双手各执一个装满水的矿泉水瓶，瓶子方向与身体保持平行，再将手与肩同高伸展到最外侧。

②边吐气边缓缓向上举起矿泉水瓶，手肘可呈微弯的姿势。

③当矿泉水瓶相碰后，双手再向下回到步骤①的位置，如此上下连续动作约 15 下。（见下图）

①双手各执一个装满水的矿泉水瓶，瓶子方向与身体垂直，再以前手臂将矿泉水瓶举起。

②一边吐气一边向上举起水瓶。

③当矿泉水瓶相碰后，双手再向下回到步骤①的位置，如此上下连续动作约 15 下。（见上图）

FINAL POSE >>>

不管是做哪一项的健胸运动，最后请别忘了一定要以舒展运动作为结束。以双手握住水瓶，头微微向后倾斜，双脚成弓箭步的姿势，将上半身向后伸展数秒，不仅可以舒缓紧绷的肌肉，还可以帮助胸形的提拉喔！

Part 4

LOOK! 网络最In话题报你知！

4-1 网络无国界！八卦最前线！

　　杀很大（从游戏《杀》引申来的台湾流行语，在此大意为杀伤力很大）的巨乳童颜瑶瑶跟很有气质的志玲姐姐，究竟男人们更欣赏哪一位女星的好身材呢？只能说有网友就有真相，于是我把这个问题抛向我灵感和真理的来源——噗浪（Plurk，在台湾很热门的社交网站，类似 Twitter）大神，看看能不能问出个大家可以大叹一声"原来如此"的好答案……

　　我只能说这次真的是跌破了我的眼镜！经过两三个破百噗的激烈讨论，我把男人对胸部大小的想法，分成了以下几种类型，请姐妹们一起来参考看看吧！

▌男人真的只爱大咪咪？!

　　玲珑霰说：我爱小胸的女生。
　　玮玮妈说：我刚刚问我老公，像我这种小 B 您能接受吗？他说结婚 10 年问这种问题会不会太无聊啊？
　　糖醋鱼说：我喜欢小一点的咪咪。
　　sweet945 说：我想以后要跟另一半去运动，所以不宜太雄伟，B 或 C 刚好。
　　yuhung0929 说：B CUP。
　　岛孤人不孤吗说：适中就好！即使是 A 也可以接受！
　　K.C. 说：我有遇过两个朋友，都说不喜欢大胸部，不过交的一个比一个大！
　　李阿聪说：我不爱大胸……
　　steven 说：我选 B 罩杯，但女人选男人却是看三高。

　　玛奇新手说：B~C 吧，但是有人喜欢平胸。
　　Luke 说：有瘦大奶（C、D）谁不爱，只是现在的正妹都是瘦小奶。
　　VIN 说：不要太大，C、D 刚好。
　　K.C. 说：大一点好啦！不过还是胸形漂亮最重要，B 杯坚挺＞E 杯下垂，胸形是一定比大小重要的啦！
　　阿荣爱骑车说：刚刚好就好。
　　胖胖芳说：身材比例比较重要。
　　Jamie 说：要美女不要大奶！另外，我认识的朋友，不分男女，有八成都讨厌巨乳。
　　小熊说：E 就太多了，不过还是希望大得自然。
　　封心。锁爱说：看起来 OK 就好。
　　一堆小强说：我喜欢胸形漂亮、比例适中，跟罩杯尺寸无关。
　　HenryHSCheng 说：合标准的。
　　欧小吉说：不一定，看个人喜好，至少我觉得太大不好看！
　　wacoal 说：不是不爱大咪咪，而是要看对方身形是否适合大咪咪。

cy_6555 说：内在也很重要！
earthsoul 说：我喜欢看大胸部的女生，但是我交往的女朋友胸部并不大。感觉对了就是了。
糖醋鱼说：我认为大小都不排斥，另一半有美丽的自信就很棒！
WilliamL 说：双方合得来与健康就好。
wacoal 说：平时喜欢大咪咪，但对真的有感觉的女生，不一定会如此强烈地执着在这点上……

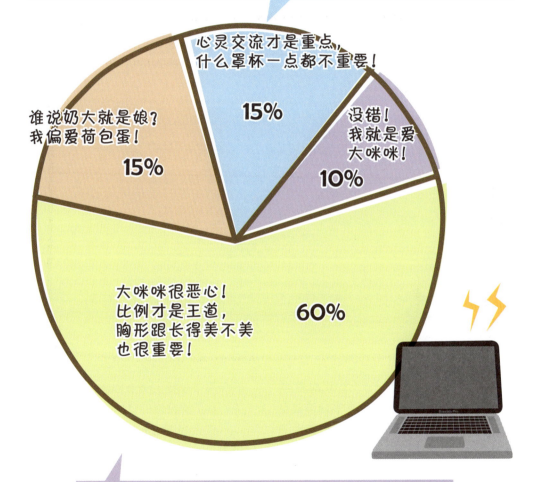

naisho 说：我哥表示"喜欢 C 以上的，不能接受 AB"！
D.V.B.K 说：如果两个都是喜欢的女生类型，大咪咪的那个我会给她加分！
小 David 说：我爱 G 罩杯！
Brian LIN 说：那女生喜欢男生小眼睛吗？

其实听完男性们的众说纷纭，
我们不得不来瞧瞧女人们是怎么想的？
基本上女网友们对以上这些男人的回答，
充满了不信任感……

柔子说：我深深这么觉得：男人喜欢大咪咪，胸部小一直被嫌弃。

我要冲向护理芥说：真的！男人只认咪咪不认脸的！

兔兔说：我男人是这样没错！

好碧曲.liz说：他们爱看大咪咪，但真的要他们娶个大咪咪当老婆，反而不要？

Mei包说：我想要有大C（哭哭），话说每任男友都跟我说这样很好啊，到底是真的好还是假的好？

Melody说：我觉得男人嘴上都说不要太大，其实内心都想要大一点的！

Mo将说：但是我认识一些男生，就是超爱大胸的。

Fish说：今天有妹妹来应征，我同事很实在地跟我说他有瞄了一眼，对方胸部好像有晃动的感觉，还不错！但他又跟我说，觉得那位妹妹妆很浓，长得不算漂亮，但他们还是一副很开心的样子！

雷阿雷说：胸部大小除了人工因素之外是不太有选择权的，所以因为尺寸而评论或是偏见是不是太不公平？每种尺寸都有烦恼啊！

Mo将说：男人都不会说真话的，因为女人也无法接受真话！

外酥内嫩系金鱼说：很胖的大咪咪，比例不对的大咪咪，下垂的大咪咪，外扩的大咪咪，我想男人应该是喜欢好看的咪咪！

小兔宝宝说：虽然男生都说不用太大，但是好像都还是希望有C（包含）以上。

雷阿雷说：个人经验是大咪咪被性骚扰的几率较高。

从男生的意见看来，大多都喜欢B~C尺寸大小适中的胸形，毕竟台湾女生大多身形比较娇小，太大的胸部放在台湾女生的身上，反而变成了比例错乱！至于瑶瑶为什么会红？我想她的童颜巨乳刚好符合了男生动漫幻想的真实版！反正青菜萝卜各有所好，不论大小，我想，男人想要说的是，胸形漂亮坚挺，符合整体比例的身材才是他们梦寐以求的！对不起，男人，我们误会你们了！

但，如果男人不喜欢大咪咪，为什么还有一大堆女生去隆乳，内衣品牌永远推出厚到不能再厚的水饺垫？还有还有，为什么蔡依林的G奶永远是媒体的焦点呢？男人们，我们真的真的真的很想相信你们口中所谓的实话啊！

男人内衣心理学

亲爱的！你有在观赏我精心为你穿上的内衣吗？说真的，以 Bosslady 自身经验来看，有时穿什么样的内衣好像男人都不是太重视呢！到底他们心里在想什么？女人们为了今晚特地添购的新内衣，男人到底有没有在看啊？

树ㄟ～说：很重要！内衣是一种情趣！
给我糖吃说：很重要啊，我都带某一起去挑。
Jamie.C 说：男生可能比较不太懂款式，但是内衣好不好看，也是影响重大啊！
孤舟簑笠翁说：其实对我来说挺重要，剥除外衣后发现是破旧、阿嬷内衣，我就不想再继续了……如果是充满诱惑的款式，我不会完全剥光，会留一丝半缕让诱惑持续……
davidjackson 说：内衣当然很重要了，不然怎么会有一堆情趣内衣。
GR44 说：女生的身体就像钻石般美丽，但空有裸钻没有其他的装饰就没办法衬托出她的美了……
Olivia 说：丑的会有点影响，好看的就加分！
earthsoul 说：好不好看比较重要，衬得好看就大加分，女生穿上自己喜欢的，自然会更有自信，自然更美！
云亮说：上下款式或是颜色不一样就觉得怪怪的，有点像是袜子两脚穿不一样的那种感觉。
Bαα 说：我家的都直接问我要穿哪套。这样是不是就没有神秘新鲜感了？（笑）
hyuksoon 说：我比较在意颜色。
AOI 说：其实男人很重视视觉感官！

nnnnnn 说：看有没有在赶进度。
信 shin 说：开战前我觉得有差，开战后就没差。还有在户外不要穿太紧太贴身的，手会不方便伸进去。
蔡牛哞说：调情时有差，速战时没差。
咩啾啾说：对男人来说好脱比较重要。
贫乏啾说：好解开最重要。
魔王子说：其实我比较偏好裸体的原始美。
首席小摄郎说：穿回去之前还是会看一下。

看当时的性饥渴程度
30%

内衣款式当然很重要
70%

▌姐妹们！千万别犯这样的错！

古有云："男人是视觉的动物！"但年轻不懂事的她一直不太相信，直到这一天……

从前从前，有一对感情很好的情侣，女友趁周年庆时去百货公司精挑细选了两件内衣，并在挑选内衣的时候就忍不住跟男友报告，自己傲人的上围尺寸以及姣好的身材曲线，甚至很多可爱的内衣都因为自己胸部太大无法穿。而男友也很开心觉得自己的女友身材真的很好，在电话那一头就听得出来他的骄傲！由于内衣是男友赞助的，他也很想看看他心爱的女友到底买了什么好看的内衣回来，就这样，前面的铺陈都很完美……

终于，女友吹着光荣的号角回到家，男友也很期待与女友分享这难得的片刻，只是当女友开心地打开袋子，拿出她刚血拼的战利品，不到10秒钟的时间，男友突然脸色一沉地说："这怎么有点像我阿嬷的内衣啊？"接着又继续提出他心中的疑问："肩带怎么那么宽？后面的带子怎么也那么宽啊？"女友这时才惊觉，自己骄傲过了头，因为她买的是功能型的内衣，所以，只要是超过D罩杯，肩带起码都超过2厘米以上，胁边也一定是加高，背扣更要三段才够稳定！所以，如果不穿在身上，整个就是阿嬷内衣的LOOK！（囧）只能说，她应该要低调一点才是。之后，男友默默地走回客厅，坐在沙发上看着他

的电视。当然，也没要女友穿给他看（整个都没 Feel 了），就像什么事都没发生过一样，可想而知，接着又是一个嗑瓜子看电视的平凡夜晚了……男友这时心里一定是想，怎么拿我的钱买了两件阿嬷内衣啊？女友从此被打入无间地狱……

从这个看起来有点心酸的爱情故事里，也让大家深刻地得到了一个教训，那就是如果你买的是比较重功能型的内衣，或是成熟款的肤色内衣，建议你只要默默地穿在衣服里就好，千万别拿出来招摇！甚至想要秀给男友看的内衣，最好也跟自己平常实穿好用的内衣分开摆放，就连跟男友晒在一起的内衣最好也先挑过，免得让另外一半的幻想破灭！而这个故事也在在证明了情趣内衣的确有它存在的必要性啊！真是得一次教训学一次乖！也可怜了那个再难翻身的女友……没错！那个女友不是别人……就是我！呜……（泪奔）

▍男友最爱内衣款式大调查

男女大不同，女生重视质感，男人喜欢观感！既然经过讨论，男生其实是很重视女生的"内在美"的，那男生们的眼睛都在看什么呢？哪种内衣最能满足他们的幻想呢？

男人的脑袋其实很简单的！内衣款式虽然重要，但在颜色的选购上可也不能马虎！尤以充满遐想神秘感的黑色最受青睐！但也有网友表示："其实你爱的人喜欢怎么穿，只要穿给你看，你会嫌弃什么吗？要是我，感恩都来不及了！"我深深同意他的这番说法……

裴洛翎说：法式风情。玄天宗说：朕最喜欢法式风情型。欧小吉说：法式风情。a东说：法式风情吧。Bαα说：法式风情+1，有一种神秘的性感。放纵宗说：法式好看。乐乐乐说：法式（黑色更好）。下流绅士说：法式跟白色内衣。

LanBubble说：我喜欢深V！感觉差很大！云亮说：深V神秘感！K.C.说：深V！信shin说：深V神秘感！紫色或黑色都很棒！hyuksoon说：深V款！重点是黑色！

longthebest说：超喷火内衣加小丁字裤！ACHIH⑮说：超喷火辣妹内衣加小丁。Reco说：深V加小丁。earthsoul说：超喷火加小丁。Michael_1980说：当然是超喷火啰！

foxfire1020说：日式。Jamie.C说：日系。稳重哥说：日系。杉哥牛排馆说：比较喜欢日系。P_seeker说：日系爆乳。

Bloodlust说：浪漫蕾丝。大侠爱吃美味蟹堡说：浪漫蕾丝。BLUE说：浪漫蕾丝感+1，但如果露太多的话，反而没啥吸引力。NICHOLAS_TSE说：浪漫蕾丝+1。小翼说：我选浪漫蕾丝感及日式爆乳感。

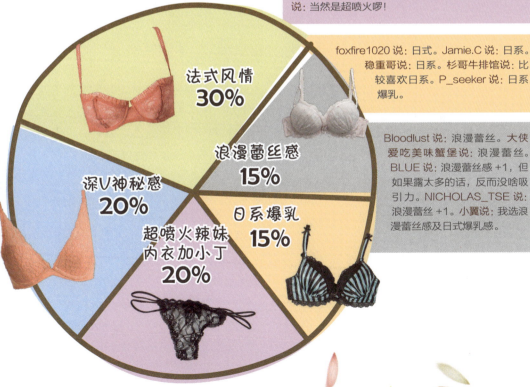

法式风情 30%

浪漫蕾丝感 15%

深V神秘感 20%

日系爆乳 15%

超喷火辣妹内衣加小丁 20%

4-2 网上内衣怎么买?

相信各位姐妹们一定有在网络上购买内衣的经验,但总是因为无法试穿的困扰,导致在加入购物车后却又取消! 其实只要在购买前掌握"停看听"三大要点,网购内衣也是女人们在节省荷包时很不错的选择!

▌不能试穿时应该注意的购买重点

网购内衣在罩杯尺寸的挑选上要特别注意,以免买到太小或是过大的内衣。虽然几乎每家网店的网页上,都附有贴心的尺寸标明方式,让你可以依照尺寸去选购,但我还是建议大家不要太相信那张制式的表格! 毕竟表格是死的,但人肉是软的,更别说大家的胸形都不尽相同!

按照许多内衣厂商的内衣尺寸表来说,量法都是以上胸围(沿着两边乳头的BP点绕身体一圈),减掉下胸围的差距数来判断罩杯大小,也许看上去好像合情合理,但是以我自己为例,量出来的上胸围是 93 厘米,下胸围 80 厘米,上下相减再对照尺寸表后,我居然只有 B 罩杯! 大家也知道我的内衣都要穿到 E 罩杯(或以上)。所以网络上的尺寸表,建议大家不妨真的只是参考参考就好!

那究竟我们真正的内衣尺寸又是多少呢? 为什么我穿甲家的尺寸是 C,穿了乙家的尺寸却又变成了 D 罩杯呢? 生怕买错尺寸而造成胸部变形的朋友,我也提供了以下三点来说明:

①罩杯有分深杯与浅杯,杯型又分 3/4 或半罩,所以对胸部的包覆度都不相同! 就像深杯如果穿的是 C 罩杯,但穿上浅杯时可能就会长大到 D 罩杯了!

②各家的尺寸制定方式,因为版型跟设计的关系并不完全相同,所以造成罩杯尺寸会略有不同。

③如果并非以上两点的状况,那我要恭喜你,很有可能你的胸部又长大啰! 建议大家不妨保持每两个月测量一次自己的胸围尺寸,如果怕量错的朋友,不妨就到门市请专业的专柜小姐来帮忙啰!

先到门市试穿

如果你在网络上所购买的内衣品牌，店家是有门店可以进行试穿的话，建议你还是先去实体店试穿过，在详细知道自己的尺寸以及产品舒适度后，再到网络上购买，这绝对是最保险的方法！但如果没有门店可以提供试穿，那就请大家多利用购物平台的问与答或留言询问的方式，以免买到不合尺寸又伤胸形的内衣。

到货后先检查

当快递先生把内衣送到后，请先开箱检查一下商品是否正确或有无其他问题，如果发现买来的内衣是有瑕疵需要换货时，千万不要将内衣的洗标撕下，或先进行下水清洗的步骤。

退换货的建议

购买前请注意是否可提供退换货的服务，还有退换货的运费是否要由买家自行承担。我遇过有些服务不错的店家会有免费一次换货（更换颜色或尺寸）的服务，虽然有些店家愿意让你换货，但也有不负担运费的！甚至有些厂商所提供的特价品，除非是有很严重的瑕疵，不然也是不接受退换货的喔！另外，小裤裤因为涉及个人的卫生问题，通常不会接受退换货的服务。

运送贴心提醒

有些内衣店家会在包装箱外印上商标（如：XX 内衣），或标示内容物为内衣的字样，如果怕有尴尬的状况发生，不妨先行请店家避免喔！另外，如果你购买的是一体成型，或是怕挤压到的内衣款式，也记得提醒店家要小心处理。尤其如果一次购买多件内衣时，更要小心在装箱过程中，造成内衣罩杯变形的问题。

▌Bosslady 严选！网络卖家诚心推荐！

（以下厂商顺序依笔画数排列）

除了一些大家比较熟悉的百货专柜品牌之外，其实台湾也有许多在女性内衣市场里默默打拼的好品牌喔！甚至有些品质与设计也不输给一般的国际品牌！在此，我也以自己个人的试穿经验，跟大家分享一下使用后的心得与感想。

有些姐妹们应该会在某些销售生活百货的店家，看过或买过可兰儿的内衣，我觉得刚发育不敢自己买内衣的女孩们不妨可以试试。因为可兰儿有许多针对发育中的学生的内衣款式，加上专柜小姐都是妈妈级的，让你可以很放心地把买内衣这件事情交给她们。不同功能包覆的内衣款式也不少，还有网络商店可以选购呢！

可兰儿／MissClany

🖱 可兰儿博客网址：http://missclany.pixnet.net/blog

有不少网友会问我有关功能调整内衣的相关问题，我个人觉得百货专柜的功能调整型内衣，基本上都差不多是以 600 元起跳，说真的，这让女生们还真的有点难以入手！坚持以健康为前提的伊芙琳，调整型内衣系列除了坚持在台湾制造外，品质与材料的设计也都还不错！我认为伊芙琳这家品牌注重的是身体与内衣之间的关系，而不只是一味地参与爆乳的竞赛！

伊芙琳／EvelynBeauty

🖱 伊芙琳官方网站：http://www.evelynbeauty.com

依梦是台湾的自创品牌，由台湾专人设计加上台湾自制的材料，再交由越南工厂制造。而且我发现依梦最近在型录及款式设计上越来越棒了，网友们失心疯的抢购程度也让我感到有些骄傲！虽然女人购买内衣的意志力总是比较薄弱，但这也代表台湾品质的保证是大家有目共睹的！

依梦／Emon

🖱 依梦官方网站：http://www.underwear.com.tw

波曼妮亚／Bravonia

当初有机会知道波曼妮亚这个品牌，也是碰巧在 Yahoo 购物商城逛到的！第一印象就是内衣设计很有日系的风格，但价格却不到专柜品牌的一半，于是也让我开始想试穿这家高贵不贵的内衣，是否真的是物美又价廉呢？这家专门针对台湾女生身形所设计的品牌，不但是由台湾工厂设计与生产的内衣，就连之前找网友一起来参加波曼妮亚的内衣趴时，大家也都对厂商的设计进行过热烈讨论呢！

波曼妮亚官方网站：http://www.ebravonia.com

最晶品

相信喜欢电视购物的美眉，大家应该都有听过"活拉美"，这个在购物台卖到翻过去的牌子吧！其实活拉美在网络上，也创立了"最晶品"这个新品牌，由于价格真的很吸引人，也让许多原本利用电视购物的朋友，纷纷改以上网方式来购买。因为一套款式四色组才等于专柜品牌一件内衣的价格，这也让女人们无法克制购物的冲动。

最晶品网址：http://bestbra.shop.rakuten.tw

瑷琳娜／ILINA

本来只接外销订单的工厂，凭借着品质好加上经验丰富的优势，自创了 ILINA 瑷琳娜这个品牌。我觉得不管是材料的选用，或是平易近人的价格，真的都让人动心！只可惜缺少了营销宣传的渠道，也没有特定的网络卖场可以购买，目前只有中南部的朋友才比较有机会可以接触到。

瑷琳娜官方博客：http://tw.myblog.yahoo.com/cttlilina-055325622

4-3 展现傲人曲线！完美胸形 Get！

在我的博客上，除了各式各样的内衣问题外，网友们对于所有可雕塑胸形、完美曲线的话题，点滑鼠的速度可说是一点也不手软！像是塑身衣就是另一个掀起网络话题的热门关键词，只是市面上的塑身衣琳琅满目，从一件 50 起跳到 5000，甚至更高价的顶级塑身衣都有，但到底该怎么选择一件适合自己，又可以达到雕塑效果的塑身衣呢？

▎如何挑选塑身衣

其实塑身衣的原理就是因为它紧贴着我们皮肤表面，利用塑身衣所使用的特殊材质施以一定的压力，让深层肌肉在活动的时候，可以借由调整型内衣产生对于皮肤及皮下脂肪的按摩作用，促使皮下脂肪达到均匀分布的效果，从而雕塑出匀称的身材曲线。

许多塑身衣都会强调穿上马上瘦几圈的立现效果！不过因为每个人的身形不同，再加上塑身衣的弹性不同，所以要看出效果的时间就比较不一定。比较正确的观念应该是选择一件你可以天天穿的塑身衣，循序渐进地以自己能接受的紧度，慢慢推压调整松垮不均匀的部位，慢慢达到雕塑身材或胸形的效果！

基本上一开始可以先穿 4 小时，循序渐进，但一天还是不要超过 8 小时为佳，晚上睡觉当然不建议还穿着紧绷绷的塑身衣入睡。而用餐的时间最好慢慢吃，细嚼慢咽，以免肠胃不舒服。

东方人常见体型问题

身体部位	造成原因
● 上臂（蝴蝶袖）	熬夜、饮食不当
● 胸部下垂＆副乳外扩	内衣穿着不当
● 腰围太粗	饮食不当、消化不良、代谢差
● 臀部下垂＆水肿	缺乏运动、饮食不当、代谢差
● 大腿太粗＆水肿	缺乏运动、饮食不当
● 小腿太粗（萝卜腿）	姿势不当、循环差

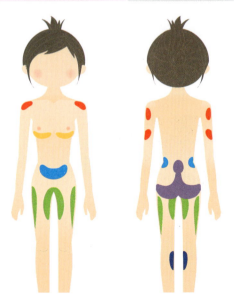

★ 丹尼数与布料的选择

到底什么是丹尼数呢？简单来说，丹尼数就是纤维的密度。一般简称的"丹"指的就是丹尼数（Denier），也就是用在纺织上计算质量的单位。丹尼数越高，布料相对就会比较没有弹性，穿着时也较会有紧绷不好活动的困扰。一般的塑身衣从轻塑到重塑可分成 280 丹、420 丹、560 丹，丹尼数越高虽然越没有弹性，但塑身功能却比较好！只是如果一开始就选择了 560 丹的塑身衣来当入门款，最后恐怕也会因为实在穿不住而将它置之高阁，所以从没穿过塑身衣或想要微塑身材的人，不妨先从透气舒适的 280 丹开始入手。

紧实度适中的 420 丹，因为重点部位可以达到双层加压的效果，一般人接受度也会比较高，甚至现在已经有很多内衣的侧身片，也以 420 丹的布料加强其包覆性。至于最高级的 560 丹，通常都已经可以算是医疗级产品了，所以如果你跟我一样穿不太住塑身衣的话，建议可以先从 280 丹的轻塑款式开始挑战。

★ 塑身衣的款式

现成的塑身衣大部分都是指工厂依照固定版型所量产制造而成的，价格也较平易近人，从几十元到数百元都有。而这些现成的塑身衣也像许多内衣一样，提供集中托高、侧包副乳，以及塑身片等功能。

一般的塑身衣大多可分为"两截式"和"连身式"，两截式可以依照服装穿着，选择上半身或下半身来搭配，变化性也比较高；而连身式的塑身衣则可以做到全身性的推压紧实。当你一旦决定要以塑身衣来雕塑曲线时，请先做好心理准备，因为塑身衣穿起来的紧绷感，身体起初一定会历经一段磨合期，要撑过这段时间，才有可能走上通往美好身形的康庄大道。

以我自己为例，一开始也是先从弹性较好的 280 丹开始穿起，最后再慢慢挑战到 560 丹的高难度塑身衣。我认为一开始就花了几千元量身定做，却因为不舒适而导致没办法天天穿，实在是件很可惜的事！甚至如果造成心理阴影，说不定以后都不敢再碰塑身衣了呢！

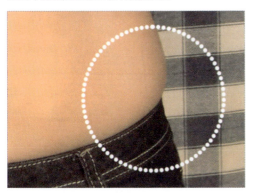

▌塑身衣 Q&A——你穿对了吗？

雕塑身材前不妨先停、看、听！你真的了解塑身衣的正确功效与穿着方式吗？毕竟塑身衣可不是为了满足一时的虚荣心而穿的，所以我也特别整理一些网友常提出来的疑问，希望对大家会有点帮助！

Q：请问是先穿内衣还是塑身衣？

因为内衣最贴近胸部线条，加上内衣钢圈也必须贴紧下胸围，所以请先穿好内衣，再把塑身衣穿在外面即可。

Q：为什么穿塑身衣会觉得很疲累呢？

塑身衣一天穿着的时间以 8 小时为限，不要太贪心，其实一天只要穿 4 到 6 小时就好，毕竟身体也是要休息的！

Q：为什么穿塑身衣肩膀会酸痛呢？

因为你的肩膀承受的是两件衣服的重量（塑身衣＋内衣），加上地心引力的关系，所以当然会比单穿内衣更有负担啰！建议大家最好选择宽版的肩带设计，借以分散肩膀单点的压力，还有把塑身衣肩带调整到合适的高度，避免肩带太短造成肩膀的负担。另外，一开始尝试穿着塑身衣时，建议大家也不要穿太久，请让身体慢慢适应塑身衣所带来的束缚。

Q：请问睡觉也要穿着塑身衣吗？

由于塑身衣对身体都有一定的束缚力，甚至丹尼数越高，束缚感也越大，所以如果当你已经穿着一整天，身体为了对抗塑身衣的压力也已经很疲倦了，回家后当然要让身体做适度的休息、释放压力，并活络你的血液循环，这样才是最健康的塑身态度！

Q：夏天也可以穿塑身衣吗？

其实塑身衣并没有季节之分，只是大部分的女生在汗如雨下的夏天实在穿不住，但其实你也可以挑选轻塑型（如 280 丹）或吸湿排汗材质的塑身衣来使用。只是轻塑型塑身衣，雕塑效果自然也有限，建议大家不妨在秋冬季节密集穿戴塑身衣，等到夏天就可以大展窈窕曲线啦！

Q：请问塑身衣要买几件来替换？

如果只有单件塑身衣，但又要天天穿的话，那大约三个月就会松掉了！建议大家不妨买个两件来替换，让塑身衣的寿命可以延长至半年。

Q：我上半身小，下半身大，请问这样该如何挑选塑身衣呢？

请你先测量一下身体腰部最细的部位，以及臀部最宽部位的尺寸，并以最宽的数字作为尺寸选择的标准。但若是两个部位差距大到 12 英寸以上时，建议你还是量身定做或是购买上下两件式的款式比较适合。

Q：如果我的 Size 介于塑身衣两个尺寸之间该怎么办？

建议可以先穿比较大的尺码，如果真的穿得住的话，过段时间再换小一个 Size 挑战也不迟。

Q：月经期也可以穿塑身衣吗？

其实是可以的，只是还是要小心经血外漏的问题。不过，当然还是要视身体状况而定，如果你是属于会水肿的体型，还是不要太勉强自己！

Q：喝咖啡是否会导致胃食道逆流呢？

先决条件就是不要穿太紧身或丹尼数太高、身体无法承受的塑身衣！当然在穿着塑身衣时也请不要吃得太饱，还有不要喝过量的咖啡因饮料、碳酸饮料和酒精性饮料，以免刺激胃酸分泌导致胃食道逆流。

Q：胃不好是不是就不能穿塑身衣呢？

如果是慢性病患或者刚开刀动过手术的朋友，最好还是先向医生问清楚，自己的身体是否可以承受塑身衣所带来的压力。

Q：塑身衣是否有特殊的清洗方式？

若整件塑身衣都是以车缝所设计，并没有软硬钢条在其中的话，懒得手洗的你，不妨将塑身衣放置到洗衣球中，用洗衣机来清洗。但若是内有钢条设计，那就逃不了手洗的命运，甚至若是使用高档的特殊材质，最好还是交给专业清洗的洗衣店来清洗比较保险。至于塑身衣的清洗频率，如果是在不太流汗的冬天，2~3 天清洗一次即可；但在夏天，建议你还是 1~2 天就要洗一次啰！

桂图登字：20-2013-013

图书在版编目(CIP)数据

绝色好BRA穿用全书：内衣女王教你穿出迷人美胸 / Bosslady薄蕾丝著. —桂林：
漓江出版社，2013.4
ISBN 978-7-5407-6442-5
I. ①绝… II. ①B… III. ①胸罩—基本知识 IV. ①TS941.717.9

中国版本图书馆CIP数据核字（2013）第063477号

绝色好BRA穿用全书：内衣女王教你穿出迷人美胸

作　　者：Bosslady薄蕾丝
编辑统筹：符红霞
责任编辑：董　卉　王欣宇
版权联络：董　卉
责任监印：唐慧群

出 版 人：郑纳新
出版发行：漓江出版社
社　　址：广西桂林市南环路22号
邮　　编：541002
发行电话：0773-2583322　010-85891026
传　　真：0773-2582200　010-85892186
邮购热线：0773-2583322
电子邮箱：ljcbs@163.com　　　　http://www.Lijiangbook.com
印　　制：北京盛通印刷股份有限公司
开　　本：965×1270　1/16　　　印　张：7.75　字　数：80千字
版　　次：2013年4月第1版　　　印　次：2013年4月第1次印刷
书　　号：ISBN 978-7-5407-6442-5
定　　价：30.00元

阅美精选

阅美文化

阅 读 阅 美 ， 生 活 更 美

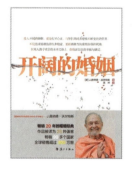

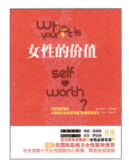

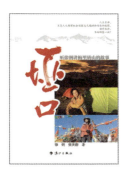

漓江出版社·漓江阅美文化传播

联系方式：编辑部 85891016−805/807/809

市场部：杨 静 [产品] 85891016−813　胡婷婷 [网络营销] 85891016−801

地　　址：北京市朝阳区建国路88号SOHO现代城2号楼1801室

邮　　编：100022　　　　　传　　真：010−85892186

邮　　箱：ljyuemei@126.com　　网　　址：http://www.yuemeilady.com

官方微博：http://weibo.com/lijiang　　官方博客：http://blog.163.com/lijiangpub/

阅　读　阅　美　，　生　活　更　美